L'ÉQUATION DIEU

DES MÊMES AUTEURS

DIEU ET LA SCIENCE, *entretiens avec Jean Guitton*, Grasset, 1991.
AVANT LE BIG BANG, Grasset, 2004.
LE VISAGE DE DIEU, Grasset, 2010.
LA PENSÉE DE DIEU, Grasset, 2012.
LA FIN DU HASARD, Grasset, 2013.

IGOR
BOGDANOV

GRICHKA
BOGDANOV

L'ÉQUATION DIEU

Préface de Marc Tettiravou

BERNARD GRASSET
PARIS

Photo de couverture : © Getty Images

ISBN : 978-2-246-81268-5

PRÉFACE

L'hypothèse de Riemann !

Découverte un beau jour de 1859 à Göttingen par le génial théoricien qu'était Bernhard Riemann, elle est aujourd'hui – et de loin –, avec seulement 9 petites pages, la plus fascinante et la plus mystérieuse de toutes les hypothèses mathématiques jamais découvertes. Et telle une étoile filant vers l'infini, elle traverse en filigrane d'un bout à l'autre le remarquable livre d'Igor et Grichka Bogdanov.

D'une déconcertante simplicité apparente, jamais une hypothèse mathématique n'aura pourtant été aussi loin dans l'énigme. Ayant résisté à toutes les tentatives depuis 1859, elle est aujourd'hui le Graal de tout mathématicien, et plus généralement de tout scientifique. Or, à l'horizon de son mystère encore entier à ce jour, Igor et Grichka proposent ici une autre hypothèse, transcendante par construction : l'hypothèse Dieu !

C'est un orage, en guise de Big Bang, qui a allumé la destinée de nos jeunes jumeaux dans le château familial érigé depuis dix siècles sur une colline en Gascogne. La flamme s'est développée à l'orée de leurs 15 ans, avec ses éclairs mais aussi par une succession d'étranges évènements, tous curieusement liés aux mathématiques.

En rangeant l'immense bibliothèque du château, voilà que nos jumeaux tombent sur un livret poussiéreux qu'ils ramassent par terre et qui illumine leurs yeux de jeunes adolescents. Ainsi, à l'éclat de cette illumination qui s'est fondue avec les éclairs, ils découvrent la fonction zêta de Riemann, qu'ils déchiffrent après plusieurs lectures, et qui par la suite va les plonger dans les grandes profondeurs de la physique mathématique. Car ce formidable point de départ a attisé leur long cheminement de scientifiques, entretenu par une énergie mystérieuse qui va les guider pas à pas et qui va leur faire franchir le fameux « mur de Planck » marquant l'origine de notre Univers, il y a plus de treize milliards d'années. Jusqu'à atteindre, avant le Big Bang, ce point originel représentant ce qu'on appelle aujourd'hui la singularité initiale à l'origine de tout ce qui existe.

C'est donc un fil rouge qui les guide après cette journée orageuse d'été : l'obsession de découvrir la source qui les fait vibrer. Cette recherche les a conduits à ce que, dans la théorie des catégories développée par mon maître et ancien professeur Alexandre Grothendieck, les mathématiciens appellent un « objet initial ». Autrement dit, une hypothétique Cause première qui a ordonné aux nombres de diriger et de régler tout ce qui existe. Les nombres premiers, atomes numériques, s'avèrent être une clé, et dont justement cette fameuse fonction de Riemann semble fortement avoir le secret.

*

Le grand mathématicien allemand Riemann postule donc sa fameuse hypothèse. La première étape de son raisonnement est que la fonction, dite zêta, associe à tout nombre complexe « s » autre que 1 la somme infinie :

$$\zeta(S) = 1 + \frac{1}{2^s} + \frac{1}{3^s} + \frac{1}{4^s} + \dots$$

Riemann conjecture alors une forme précise de certains nombres qui annulent cette fonction, la démonstration, non encore trouvée, étant l'objet du problème : les solutions de l'équation correspondent à l'emplacement des nombres premiers !

Ce deuxième défi est, depuis la résolution en 1994 du fameux théorème de Fermat par Andrew Wiles, celui que tout passionné de mathématiques, du simple étudiant au plus savant, cherche à relever. Le mystère qui entoure cette fonction hante depuis longtemps la communauté scientifique mais aussi, curieusement, certains théologiens que j'ai rencontrés un peu partout, et qui peuvent décrypter les formules mathématiques. Ils y voient intuitivement une fonction magique, une sorte d'index montrant la direction d'un savoir tant convoité concernant l'énigme de l'origine du monde.

Il faut dire qu'il s'agit avec cette fonction de côtoyer de près le grand mystère des « nombres entiers premiers », ceux qui, à l'instar des atomes pour la matière, sont les éléments de base constituant tous les nombres entiers. On sait qu'ils sont infinis, mais leur répartition est un mystère. On ne connaît pas aujourd'hui une « formule » qui permettrait de savoir quel est le nombre premier immédiatement plus grand qu'un nombre premier donné. Or cette fonction complexe zêta de Riemann s'annule en des points dont certains, que l'on appelle « zéros non triviaux » et qui se trouveraient tous sur une droite coupant à la verticale l'axe réel au point 1/2. Or, selon Riemann, ses solutions de la fonction zêta donneraient des indications sur la répartition des nombres premiers. Les plus grands calculateurs aujourd'hui confirment ce résultat mais nul ne l'a démontré formellement.

De par sa définition, cette fonction est un chant en hommage au « discret » et au « continu », sans doute une cérémonie mystérieuse de mariage entre les deux concepts. Inverser les nombres entiers élevés à la puissance d'un nombre complexe, donc à la fois d'un réel et d'un imaginaire, puis les rassembler tous en une somme infinie, il y a là de quoi être déconcerté, mais aussi émerveillé lorsque l'on sait que cette union va enfanter les atomes qui forment tous les entiers. Nous sommes certainement là sur le chemin menant à la clé de nos questionnements. Peut-on imaginer de ce fait, en revenant en arrière, qu'au début de ce chemin, tous les nombres, qu'ils soient entiers, rationnels non entiers, non rationnels, transcendants… se projettent de façon continue sur un unique élément qui ne peut être que l'élément « 1 » ? Alors chaque nombre serait issu de ce nombre unique, qu'une mystérieuse fonction zêta aurait fait exploser, propulsant tous les éclats à l'infini, donnant ainsi naissance à l'infinité des nombres premiers et donc à l'infinité des entiers et à l'infinité de tous les autres... qui ont tous indéniablement le même « géniteur ».

Ainsi, lorsque l'on sait, comme l'évoquait Galilée, que les nombres sont dans chaque recoin de l'Univers, dans chaque représentation de la matière, dans chaque repli de la nature, les nombres premiers seraient-ils alors le code magique et mystérieux pour décrypter le langage de l'Univers ? La fonction zêta de Riemann cacherait-elle ce code ? Ce code serait-il la base « informationnelle » qui a précédé et engendré notre Univers ? Dieu jouerait-il avec un dé possédant une infinité de faces, numérotées par les nombres premiers ?

Que de captivantes questions !

Pour y répondre, Igor et Grichka, conduits par ces éclairs de leur enfance, guidés par la mémoire de « Pépé », leur ancien professeur Gascon, feuillettent l'histoire des mathématiciens, de ceux qui précisément travaillaient sur les nombres, Euler, Gauss, Hilbert, la plupart ayant postulé l'existence de ce que le philosophe et mathématicien Leibnitz appelle une

« harmonie préétablie », laquelle donne une grande pertinence à ce qu'à la suite du savant Pierre-Simon de Laplace, Igor et Grichka appellent « l'hypothèse Dieu ».

Ils nous racontent l'émergence fascinante de cette fameuse fonction, unique et mystérieuse, jusqu'à Riemann qui a conjecturé l'hypothèse de l'avant-dernière marche... celle qui précède l'ultime hypothèse, qui devient par une boucle magique l'hypothèse initiale, se confondant probablement avec la singularité du même rang.

Nos deux petits princes russes, depuis ce fameux été, ont parcouru à la fois le temps et l'espace de la connaissance et nous rapportent ici – pour la première fois dans l'histoire des idées – la raison pour laquelle une hypothèse transcendante, extérieure à l'Univers, semble être inéluctable. Leur impressionnant raisonnement nous rapproche d'ailleurs du puissant théorème d'incomplétude de Gödel, selon lequel la clef d'un système logique – ici l'Univers – se trouve à l'extérieur de lui.

Grichka et Igor ont cet art magique d'atteindre la réponse à nos interrogations par la dynamique du rationnel mais aussi par la sensibilité de la poésie. Découvrons avec ce magnifique récit leur approche de l'origine de nos atomes, matériels ou numériques, débouchant sur cet autre Temps étrange, ce temps imaginaire qui a précédé le nôtre. Avec à l'horizon l'hypothèse de Riemann qui nous montre – et c'est là peut-être le plus incroyable – que l'ordre numérique qu'elle implique à l'infini correspond (comme l'ont montré des physiciens que vous découvrirez dans ce livre) à un ordre profond dans la structure de la matière. Au-delà, et peut-être justement parce qu'elle reste indémontrée à ce jour, la mystérieuse hypothèse désigne implicitement et avec force l'existence d'une causalité transcendante à l'origine de l'Univers.

Marc Tettiravou,
École normale supérieure,
agrégé de mathématiques.

PROLOGUE

Durant toute notre enfance, nos voisins du village gascon dans lequel nous sommes nés nous appelaient « les petits du château ». Bien qu'elle nous ait toujours vaguement agacés, cette expression a certainement joué un rôle dans les grandes orientations de notre pensée et, plus généralement, dans nos choix de vie. Car dans notre esprit, ce surnom voulait surtout dire que nous étions confondus avec les murailles d'une forteresse dont l'origine, perdue dans un lointain passé, nous fascinait jusqu'à la première pierre. C'est sans aucun doute de ce lieu que nous est venu le désir de chercher la mystérieuse origine des choses, de remonter toujours plus loin vers les causes premières. C'est peut-être ce qui nous a guidés dans la recherche d'une cause ultime à l'origine de l'Univers lui-même. Une cause immatérielle, antérieure au Big Bang.

Vers l'âge de 11 ans, nous avons rejoint l'École de Sorèze, une ancienne école royale militaire qui, sous l'impulsion de Louis XVI, deviendra un collège militaire et religieux au XVIII*e siècle. Soumis à l'influence spirituelle du père dominicain qui dirigeait l'établissement d'une main de fer, nous aurions pu nous placer sous la protection de saint Augustin afin « d'aller vers Dieu par les voies de la révélation ». Or, en dépit des offices auxquels nous assistions chaque matin dans la chapelle glacée de l'école, nous avons été inspirés, dès cette époque, par la pensée d'un autre dominicain : saint Thomas d'Aquin. Selon ce docteur de l'église, « on doit cheminer vers le mystère suprême par les voies de la raison ». Au-delà des doutes et des tâtonnements auxquels chacun se trouve confronté à un moment de sa vie, c'est bien cette démarche qui nous a profondément imprégnés : notre passion pour la science apparaît dès cette époque comme une recherche raisonnable, une réponse rationnelle au mystère de l'Être.*

Mais avant d'aller plus loin vers la réponse que nous cherchions, encore fallait-il que la chance – ou autre chose – nous permette de découvrir ce que nous avons débusqué, presque par accident, alors que nous n'avions pas encore 15 ans.

C'est cette découverte fondatrice qui nous a mis sur la voie de ce nous appelons aujourd'hui « l'hypothèse Dieu » et que nous allons partager avec vous dans ce livre.

INTRODUCTION

Mai 1963, en Amérique. Tout en remuant leur café du matin, les abonnés du journal *Scientific American* ont soudain un haut-le-cœur. Car ce qu'ils viennent de lire sous la signature du célèbre physicien théoricien Paul Dirac les cloue sur leurs chaises : « *Dieu est un mathématicien de premier ordre, et Il a utilisé des mathématiques très avancées pour construire l'univers.* »

Dieu est un mathématicien de premier ordre !

La phrase a la force d'un coup de marteau. Car son auteur n'est pas le premier venu. Ce grand brun à la moustache fine est l'un des physiciens les plus importants de toute l'histoire de la physique. Dès l'âge de 7 ans, dans la pudique Angleterre du début du XXe siècle, il foudroie ses professeurs (et ses camarades de classe) par ses dons prodigieux en mathématiques. Il calcule tout plus vite et plus juste que les autres. Est-ce surprenant ? C'est au pas de charge qu'il soutient une thèse de doctorat révolutionnaire et en tire dans la foulée une formalisation mathématique entièrement nouvelle de cette difficile physique de l'infiniment petit qu'on appelle « la mécanique quantique ». À ce rythme d'enfer, le sommet est vite atteint et Dirac décroche haut la main le prix Nobel de physique en 1933 à tout juste 31 ans. Dès lors, comment ne pas être ébranlé par l'affirmation selon laquelle *« Dieu est mathématicien »* ?

*

Si l'on admet avec Dirac – et bien d'autres scientifiques – que décidément, *« la nature est écrite en langage mathématique »* (selon la puissante expression de Galilée), alors pourquoi ne pas faire le chemin inverse ? En somme, partir des mathématiques et remonter en pente douce vers leur source invisible ?

Débarrassons-nous de tout ce que nous croyons savoir et posons-nous cette question naïve : quelle est donc l'origine de ces êtres mathématiques dont nous nous servons pourtant tous les jours sans broncher ? D'où vient, par exemple, le nombre Pi ? Qui – ou quoi – l'a calculé avec une précision inimaginable, jusqu'à l'infini ? Mille milliards de milliards de milliards de milliards de décimales après la virgule, on trouve un 3. Qui – ou quoi – a pu calculer ce 3 ? Et plus loin encore, vers l'infini, où ce calcul surhumain ne s'arrête jamais, faut-il imaginer un « calculateur infini », seul capable d'en venir à bout ?

Notre but est ici de parvenir à identifier un indice de ce que Dirac ose nommer… Dieu ! Et que nous appelons (avec d'autres scientifiques) la cause initiale de tout ce qui existe. Pour être un peu plus précis, il existe en mathématiques une approche nouvelle appelée théorie des catégories, développée par le flamboyant – et mystérieux – mathématicien Alexandre Grothendieck, maître du talentueux théoricien des nombres Marc Tettiravou, notre préfacier. Cette fascinante théorie pose que pour un ensemble quelconque partiellement ordonné, il existe un objet unique (que les experts désignent sous le nom poétique d'« objet initial »), à l'origine de tout ce qui peut exister dans la catégorie en question. Dans la mesure où l'Univers a une origine certaine et même calculée (10 puissance 17 secondes dans le passé) il existe donc, au commencement du temps, de l'espace et de la matière, un objet initial qui n'est autre que la célèbre singularité initiale de l'espace-temps (ou encore échelle zéro) marquant avant le Big Bang la source absolue de tout ce qui existe dans notre réalité de tous les jours : l'Univers, les étoiles, la Terre, la mer, les montagnes, votre chien, votre maison, le livre que vous êtes en train de lire, et bien sûr vous !

Or, la question posée dans ce livre est à la fois simple et radicale : d'où vient cet objet initial ? D'où vient ce fameux « point zéro » que le légendaire mathématicien russe Alexandre Friedmann, incroyable pionnier du Big Bang, avait découvert en 1922 au fond de ses équations ? Nous verrons plus loin que depuis peu, les mathématiques ouvrent une voie nouvelle, étonnante, vers un début de réponse. De quoi changer de fond en comble votre point de vue sur l'immense mystère de l'origine.

En attendant, reposons-nous donc sans complexe des questions ultimes : par quel miracle notre Univers a-t-il surgi du néant ? Depuis la fin du XXe siècle, nous savons avec une certitude absolue que l'Univers a bel et bien eu un commencement, il y a 13 milliards et 820 millions d'années. Ce qui veut dire que 180 millions d'années plus tôt, soit il y a 14 milliards d'années, il n'existait pas encore. Qu'y avait-il à la place ? Rien d'imaginable. Pas le moindre atome de matière. Pas la plus petite portion d'espace. Pas une seule seconde de temps. Rien d'autre qu'un indicible vide à l'intérieur du vide.

Et pourtant...

Tout à coup, le premier atome de réalité s'est allumé d'un feu incandescent au cœur du néant. Pourquoi ? Par quel prodige ? D'où venait donc ce premier atome de matière incandescente ? Qu'y avait-il *avant* lui ? Peut-on admettre qu'une chose aussi magistrale que l'Univers ait pu surgir « comme ça », de rien, en un clic, telle une poupée qui jaillit d'une boîte à ressort ? C'est pour répondre à ces questions que nous nous sommes mis en tête d'explorer, dans nos deux thèses de doctorat en science (l'une en mathématiques, l'autre en physique théorique), ce qui a bien pu se passer « avant » le Big Bang. Avant la naissance de la matière, de l'espace et du temps. En bref, avant la création matérielle de l'Univers.

*

Notre long voyage a commencé au pied de ce qu'on appelle le « mur de Planck ». Une montagne infranchissable, perdue dans l'infiniment petit. C'est la limite ultime qui borne notre Univers dans le passé lointain, il y a 13 milliards et 820 millions d'années. C'est là que tout a commencé, à un instant infime – le temps de

Planck, 10^{-43} seconde – mais qui *n'est pas* l'instant zéro. Dans cette nuit des temps immensément lointaine, l'Univers naissant brûlait à la température inimaginable de 100 000 milliards de milliards de milliards de degrés. D'où venait cette température inouïe ? D'où provenait la formidable énergie qui a propulsé dans le vide la matière primordiale ? Mystère.

À la recherche d'un fragment de réponse, nous nous sommes lancés avec acharnement dans la quête de cette époque inconnue qui a précédé la naissance de l'espace-temps. Et nous avons ramené de cette longue exploration quelque chose comme un secret brûlant que nous souhaitons partager avec vous.

Car plus d'un demi-siècle après que Dirac a asséné sa formule, il devient aujourd'hui possible d'apporter – avec prudence – un début de réponse à l'immense question qu'elle soulève. En somme, de faire un premier pas vers ce que nous appelons ici « l'hypothèse Dieu ». Pourquoi l'hypothèse Dieu ? Parce qu'*in fine*, dans le fond secret de la raison, Dieu reste une hypothèse. L'illustration parfaite – et aujourd'hui célèbre – de cette façon de concevoir la Cause Première nous a été rapportée en 1847 par Victor Hugo à propos du très respecté

Pierre-Simon de Laplace, pair de France par la grâce de Louis XVIII, brillant mathématicien et découvreur, entre mille autres choses, du fameux « Laplacien » (un opérateur mathématique qui, en gros, relie la description statique d'un champ physique à l'évolution de ce champ dans l'espace et le temps). Un beau jour de 1805, alors qu'il offrait à Napoléon Ier sur un coussin de velours vert le quatrième tome de son monumental *Traité de mécanique céleste*, l'Empereur jaillit prestement de son fauteuil et lança :

— *Comment, Monsieur l'astronome ! Vous donnez dans votre livre les lois de toute la création mais vous n'y parlez pas une seule fois de l'existence de Dieu !*

À quoi Laplace laissa filer sa réponse dans le clair-obscur d'un sourire ambigu :

— *Sire, je n'avais nul besoin de cette hypothèse !*

Piqué au vif, Napoléon s'empressa alors de rapporter la réponse de Laplace à cet autre grand savant de l'époque, Joseph-Louis Lagrange (père du célèbre « lagrangien » en mathématiques, qui décrit avec une incroyable efficacité le contenu en énergie d'un système). Hochant la tête, Lagrange sembla se perdre dans les méandres d'un long monologue intérieur avant de rétorquer à voix basse : « *Ah ?... Pourtant, c'est une belle hypothèse, qui explique beaucoup de choses...* »

*

C'est donc à cette « belle hypothèse » que nous allons avoir affaire ici. Pour la première fois peut-être, vous allez pouvoir dépasser le cap des généralités concernant l'idée que le hasard n'est pas le maître de l'Univers. Qu'il existe « quelque chose » avant le Big Bang. Quelque chose à l'origine de la matière, de l'espace et du temps. Si vous acceptez de nous suivre sur le chemin, parfois abrupt, vers ce Dieu hypothétique, ce premier pas pourrait changer de fond en comble votre vision du monde et le sens que vous donnez à votre vie dans l'immensité du cosmos. Pour notre part, nous avons eu la chance qu'un beau jour, ce chemin s'ouvre devant nous.

Tout a commencé par une lointaine journée d'été, en Gascogne...

1

Les enfants du château

Nous n'avions pas encore 15 ans. C'était l'été. Écrasé à l'horizon, un orage s'illuminait à intervalles réguliers de longs éclairs violets. Ce soir-là, la comtesse de Colloredo-Mansfeld – notre grand-mère, rebaptisée Istenne par nos soins – nous avait demandé de rester dans la grande salle qui se trouvait au deuxième étage de la forteresse où nous étions nés une quinzaine d'années auparavant. Des milliers de livres, alignés dans un ordre inconnu, formaient l'immense bibliothèque du château. Il flottait dans cette salle haute et sombre une odeur douceâtre, mélange de cire et de vieux livres. Derrière la grande porte en chêne noir, on entendait encore les grondements de l'orage qui sombrait dans le lointain. Des nuages chargés pesaient au sommet de la colline où se découpaient en masse d'ombres les ruines de l'ancienne porte en pierre qui gardait le village.

Ailées par le vent, des hirondelles glissaient par les meurtrières avant de voler en désordre sous les poutres, à la recherche d'un insecte, d'un coin sec ou d'autre chose. Un journal imbibé d'eau traînait sur le banc de pierre qui faisait face à la fenêtre à meneaux. On pouvait y voir une photo en noir et blanc du général de Gaulle flanquée de ce titre : « *Le Président inaugure le tunnel du Mont-Blanc !* » C'était le journal de Mademoiselle Desgranges, notre ancienne préceptrice. Bien loin de *La Dépêche du Midi* ou de *Sud Ouest*, la sévère demoiselle s'était abonnée au *Figaro* afin de se rassurer et, peut-être, de croire qu'elle était encore à Paris, seule région du monde acceptable à ses yeux. Elle était entrée dans nos vies alors que nous avions à peine 6 ans pour nous enseigner l'art du français, de la grammaire, de l'arithmétique ou de l'histoire. Les années passant, peu à peu gagnée par une douce habitude, elle avait fini par renoncer à quitter le château pour faire définitivement partie de la famille. Par peur de l'orage « *plus violent à la campagne qu'à la ville* », elle s'était barricadée à double tour dans sa chambre et on ne la reverrait qu'au moment du dîner.

*

Le pied posé sur le dernier barreau d'une petite échelle en bois sombre, Alexandre, un ouvrier caucasien sans âge qui avait fui la révolution, laissait glisser un regard indifférent sur les livres qu'Istenne lui avait demandé de ranger par tailles le long des rayons. Nous le connaissions depuis toujours. Lui aussi faisait partie de la famille. Il était arrivé au château comme beaucoup d'autres Russes recueillis par notre grand-mère. Maigre jusqu'aux rotules, Alexandre semblait pourtant déborder d'une énergie inexplicable. Ses bras en forme de bielles huilées travaillaient à sa place. La rapidité du geste était sa manière d'être heureux. Il lui suffisait d'un seul coup d'œil pour *aligner* Voltaire sur Tolstoï, *ajuster* Goethe et *Tintin*, créer une perspective improbable de Bergson vers la Comtesse de Ségur ou une rencontre impossible entre les œuvres complètes de Shakespeare et la collection reliée des aventures de *Zig et Puce*. Sous ses mains simples, habituées à manier la pioche, la fourche ou la hache, seule comptait la taille et, exceptionnellement, la couleur de la reliure. Il avait allumé un feu dans la grande cheminée afin d'y brûler les papiers inutiles qui traînaient dans la bibliothèque. À mesure que les minutes passaient, on sentait l'orage peser de plus en plus fort derrière les pierres. Agitées par un vent noir qui lamait par à-coups la cheminée, les flammes s'écroulaient en gerbes d'étincelles au milieu des bûches et des braises. Du haut de son échelle, Alexandre avait regardé les flammes en silence pendant quelques instants avant de reprendre son travail.

Lorsqu'un livre était trop petit ou trop grand, il faisait tourner deux ou trois fois l'ouvrage entre ses mains avant de le jeter avec le plus grand mépris sur le plancher. Soufflés par son accent russe, il rocaillait alors ces quelques mots : « *Toi, par terre... !* » Puis il continuait ses alignements « à l'œil et à la main ». C'était peut-être sa façon à lui de célébrer le triomphe du travail manuel sur celui de la pensée et de l'esprit.

Des dizaines de livres de toutes tailles jonchaient à présent le sol, véritable sargasse littéraire créée par quelque libraire dément.

Or c'est là, face à ce tumulte de papier, que nos vies allaient basculer pour toujours.

*

Parmi tous les ouvrages échoués sur le plancher, l'un d'eux attira notre attention. Il s'agissait d'un album assez épais qui contenait des dizaines d'articles en allemand : l'ouvrage était daté du mois de novembre 1859 et s'intitulait *Monatsbericht der Berliner Akademie*, ce qui voulait dire *Rapports mensuels de l'Académie de Berlin.* En toute autre circonstance, il est probable que nous aurions refermé l'ouvrage sans nous intéresser davantage à son contenu. Mais en ce soir d'orage, un album aussi savant nous parut assez mystérieux pour que nous le prenions sous le bras avant de nous asseoir sur le rebord du billard. À cet instant, nous étions loin d'imaginer que la lecture de ce livre qu'Alexandre avait lancé dans la plus grande indifférence vers le sol allait remuer nos pensées en tous sens et bouleverser nos vies.

2

L'étrange découverte

Silencieux entre nos mains, le mystérieux rapport contenait, à première vue, de nombreux articles scientifiques rédigés en allemand. Avec, ici et là, des équations incompréhensibles surnageant parmi les caractères gothiques. Rien de bien passionnant, en somme. Pourtant au fil des pages, si la plupart de ces publications n'avaient, à nos yeux, guère d'autre intérêt que celui de leur superbe calligraphie *à l'allemande*, l'une d'elles attira tout à coup notre attention. Il s'agissait d'un article assez bref, intitulé : « *Über die Anzahl der Primzahlen unter einer gegebenen Grösse* ». Le titre ne disait rien que nous aurions pu comprendre à cette époque. Même si l'auteur ne nous était pas inconnu, nous n'étions guère plus avancés. Son nom ? Bernhard Riemann.

Riemann !

Un mathématicien mythique. Père de l'étrange géométrie riemannienne et de la spectaculaire sphère de Riemann, avec son point à l'infini. Mais à la frontière de notre enfance, ce prince de la pensée n'était encore pour nous qu'un vague souvenir de classe, noyé au milieu de mille autres choses.

La première fois que nous avons entendu parler de lui, c'était par un bel après-midi d'été, à l'ombre fraîche d'un tilleul. Nous avions une dizaine d'années et pendant les vacances, un grand gaillard en culottes courtes nommé Paillères – mais que tout le monde dans le pays appelait « Pépé » – venait du village voisin pour nous donner des cours de mathématiques. Les feuilles de papier s'entassaient pêle-mêle sur la table branlante qui entourait le tilleul. Renforcé par sa voix qu'il plaçait bien au centre de chaque mot entre deux gorgées de café, Pépé s'efforçait de faire rentrer dans nos crânes à grands coups de calculs les arcanes des cosinus et autres racines carrées qui retombaient en poussière dans le sous-sol de nos mémoires. Mais nous avons retenu certains de ses plus beaux trésors. Par exemple, que la somme 1-1+1-1+1-1+1... jusqu'à l'infini est égale à 1/2. Ou encore que 1+3 = 4, que 1+3+5 = 9, que 1+3+5+7 = 16, que 1+3+5+7+9 = 25, etc. Autrement dit, que la somme des nombres impairs successifs est égale à la suite des carrés des nombres, de 1 jusqu'à l'infini !

Or ce jour-là, au sommet d'une phrase plus forte que les autres, il y eut ce nom, lâché sans crier gare par Pépé alors qu'il venait de tracer fièrement une conique non dégénérée sur la grande feuille blanche en face de lui. Sans savoir vraiment pourquoi, nous sentions que cet instant allait compter dans notre existence. Que nous ne l'oublierions jamais. Pendant une longue seconde, le doigt de Pépé avait suivi en silence la ligne parabolique filant sur la blancheur du papier. Une abeille passant par là s'était posée un instant au point critique de la courbe avant de repartir. Après avoir respiré un grand coup, Pépé laissa d'un souffle plein de respect retomber le nom griffonné en lettres bleues sur la feuille de cours.

Riemann !

Pépé répéta ce nom jusqu'au chuchotement puis hocha la tête, bouche arrondie sur un mot qui ne venait pas. Qui ne viendrait jamais. Trop de choses à dire, sans doute, et encore davantage à imaginer. Une légère brise se fraya un chemin dans ce silence à trois, faisant voler en tous sens les feuilles de cours et dispersant nos pensées. Mais pas nos souvenirs. Jamais nous n'oublierons cette toute première fois où le grand Paillères, conscient qu'il ouvrait une voie mythique sur les pentes de la connaissance, nous avait parlé de Riemann jusqu'au soir. Jusqu'à ce que la nuit estompe nos silhouettes, efface les limites de ce que nous pouvions comprendre et recueille pour finir nos paroles fantomatiques, rendues à la nuit.

*

Et nous voilà donc cinq ans plus tard. Voilà qu'entre deux éclairs trempés par la pluie, Riemann surgissait à nouveau dans nos vies. Nous ne connaissions presque rien de lui et pourtant, nous sentions obscurément, sans savoir pourquoi, que de ces quelques pages incompréhensibles, quelque chose allait surgir. Car cette publication de seulement 8 feuillets nous semblait bien plus énigmatique que tout ce que nous avions vu jusqu'alors : « *Sur le nombre de nombres premiers inférieurs à une taille donnée.* » À première vue, du charabia à l'allure savante. Rien d'autre.

Mais qu'est-ce que cela pouvait bien vouloir dire ? Nous plissâmes les yeux sur l'allemand gothique. Une chose certaine, l'article parlait des nombres. Et même des nombres *premiers*. À l'époque, nous savions vaguement que ces sortes d'atomes numériques sont *indivisibles*, excepté par eux-mêmes ou par 1. Par exemple, 2 puis 3 et plus loin 5 et 7 sont des nombres premiers. Et de la même manière que les atomes se combinent entre eux pour engendrer toute la matière qui nous entoure, les nombres premiers engendrent tous les autres nombres, jusqu'à l'infini. Plus précisément encore, tout nombre entier, quel qu'il soit, peut être décomposé de manière *unique* en un produit – et un seul possible – de nombres premiers. Et justement, la difficulté consiste à décomposer un nombre entier en ses facteurs premiers. Car si multiplier deux grands nombres premiers est un jeu d'enfant, en revanche, le contraire – décomposer un nombre entier en ses facteurs premiers – peut devenir effroyablement difficile. Au-delà de quelques dizaines de chiffres, l'opération demanderait des années à un ordinateur de grande puissance.

Mais ce n'était pas tout, loin de là. Nous nous sommes souvenus qu'à la tombée de la nuit, Pépé avait baissé la voix pour nous raconter que ces nombres mystérieux gouvernaient de manière invisible toute la marche de la nature. En effet, on les retrouve partout : dans les codes secrets de nos cartes bancaires, dans le cycle de reproduction des cigales ou bien encore dans nos montres (pour qu'un système d'engrenages soit bon, il faut que le nombre de dents de la roue motrice et celui de la roue entraînée soient premiers ou, au pire, premiers entre eux). Un beau jour de printemps 1997, à l'université de

Géorgie, le théoricien des nombres Carl Bernard Pomerance, le regard noyé dans le tableau noir, avait lâché devant ses élèves une petite phrase en écho à celle prononcée 70 ans plus tôt par Einstein à l'hôtel Métropole : « *Après tout peut-être bien que Dieu ne joue pas aux dés avec l'Univers.* » Puis après un long silence, hochant le front, Pomerance avait laissé retomber une conclusion qui en dit long sur le profond mystère des nombres premiers : « *Il se passe quelque chose d'étrange avec les nombres premiers.* »

En effet, quelque chose d'étrange... Cette étrangeté, nous l'avons nettement ressentie lorsqu'un après-midi, tout en faisant des moulinets avec sa main droite, Pépé nous avait dit que plus on s'enfonce vers l'infini, plus les nombres premiers deviennent rares. Mais en même temps, ils deviennent de plus en plus gigantesques, jusqu'à atteindre une longueur infinie. Nous étions restés bouche bée, suspendus au-dessus d'un abîme : comment concevoir, à l'infini, deux nombres premiers infiniment grands séparés par une distance infinie ? Comment concevoir que même s'il existe un nombre premier infiniment grand, il en existera toujours un autre encore plus grand, perdu dans un gouffre sans fin ? Ne faut-il pas un calculateur infini pour calculer avec une infinie précision, sans jamais atteindre de limites, des nombres infiniment grands séparés par une distance infiniment grande ? À cet instant, comme pour rafraîchir ses pensées surchauffées, Pépé avait réclamé à grands cris à notre mère Maya un bon verre d'armagnac puis, après l'avoir englouti d'un trait, avait tranché sans qu'il soit besoin d'y revenir : « *Tout ça a à voir avec Dieu !* »

Avec Dieu !

Ce jour-là, nous avions réalisé d'un seul coup qu'on ne peut pas se contenter de regarder les nombres premiers comme si de rien n'était. Mais que voulait dire Pépé lorsqu'il répétait que les nombres premiers ont quelque chose à voir avec Dieu ? Plus tard, jusqu'à ce fameux jour d'orage dans la grande salle du château, nous avons ressassé cette question : d'où viennent-ils ? Leur secret est crypté dans les profondeurs du monde mathématique. Et si par miracle ils nous parlent, c'est dans une langue inconnue, pour laquelle il n'existe aucun lexique. Aucun dictionnaire.

*

Étrangement, certains esprits d'exception parviennent cependant à « voir », parfois en un éclair, des bribes de ce langage inconnu. Tel par exemple, ce génie pur qu'était le mythique

Ramanujan au début du XXᵉ siècle. Pour le physicien théoricien américain Michio Kaku, « *Srinivasa Ramanujan était l'homme le plus étrange de toutes les mathématiques et, sans doute, de toute l'histoire des sciences*[1] ». Il jonglait de tête avec les nombres, sans le moindre effort. Et avant tout, il était intime avec les nombres premiers. Un peu comme si ces mystérieux « amis » lui confiaient naturellement leurs secrets. À cet égard, comment Geoffrey Hardy, grand maître des mathématiques de l'Université de Cambridge aurait-il pu ne pas être glacé jusqu'aux os lorsqu'au matin du 16 janvier 1913, il reçut une lettre de Ramanujan dans laquelle étaient écrits ces mots impossibles à croire : « Vous affirmez qu'aucune formule définitive n'a encore été trouvée concernant la quantité de nombres premiers inférieurs à un nombre donné. Or, j'ai trouvé une expression qui se rapproche de très près du résultat réel. »

Ainsi, Ramanujan avait mis la main sur la formule ! La voix blanche, Hardy lui avait alors demandé comment il s'y était pris. Sans sourciller, le jeune génie lui avait tranquillement répondu : « Une voix m'a soufflé le résultat pendant la nuit. »

1. In *Hyperspace : A Scientific Odyssey through Parallel Universes, Time Warps, and the 10th Dimension* (1994), Oxford University Press.

Même mystère avec les célèbres jumeaux calculateurs prodiges John et Mickael. Sévèrement attardés, ils n'avaient pas été bien loin sur les bancs de l'école. Pourtant, ils étaient capables de voir d'un seul coup d'œil si un nombre était premier ou pas. En somme, ils les reconnaissaient comme on reconnaît un visage. Par exemple, ils « savaient » que 3 967 était premier, alors que 3 961 ne l'était pas ! Le neurologue Oliver Sacks avait conclu son étude sur les deux jumeaux par ces mots : *« Ils voyaient directement l'Univers et le paradis des nombres. »* Est-ce que certains esprit auraient donc l'incroyable privilège de « décoder » ici et là quelques fragments d'un code invisible, d'origine inconnue, et dont la forme générale, de nature infinie, nous échappera à tous jamais ?

À ce stade se pose une nouvelle question cruciale, encore irrésolue aujourd'hui. Une question qui, d'une manière plutôt radicale, met en jeu le destin de l'Univers tout entier : ces nombres pas comme les autres – *ces nombres atomiques* – sur lesquels repose toute notre réalité, surgissent-ils au hasard dans le flot infini des nombres entiers ? Ou bien obéissent-ils à un ordre caché ? En décembre 2018, après quatorze longues années de travaux acharnés, une équipe de mathématiciens au long cours est parvenue à arracher à l'inconnu le plus grand nombre premier jamais calculé : 2 à la puissance 82589933 moins 1. Avec près de 25 millions de chiffres, ce monstrueux nombre premier est si gigantesque qu'il faudrait 50 livres de 500 pages chacun pour l'écrire en entier ! Pourtant, vous le savez, il en existe un autre encore plus grand après lui, perdu dans l'immense océan des nombres. Mais où donc le chercher ? Où se cache-t-il ? L'ennui, c'est qu'il est impossible – absolument impossible – de prévoir, dans la suite des nombres entiers , où et quand va surgir le prochain nombre premier ! Sont-ils répartis au petit bonheur la chance ? Ou pas ?

Au fond, tout est là ! S'il existe bel et bien un ordre encore invisible dans le défilé sans fin des mystérieux nombres premiers, dans la mesure où toute la réalité repose sur eux, se pourrait-il alors que le hasard *ne soit pas* maître de l'Univers ?

Nous reviendrons sur cette question qui hante les penseurs – les scientifiques tout comme les philosophes – depuis des siècles. Avec le désir ardent d'apporter une réponse.

Mais pour l'instant, retournons à la grande salle du château de Saint-Lary, par ce lointain soir d'orage…

3

L'incroyable hypothèse

Nous voici donc de retour face à l'article jauni par le temps dont nous faisions doucement tourner les pages, l'une après l'autre. À mesure que nous nous avancions dans la lecture compliquée d'intégrales et d'équations inaccessibles, l'article devenait de plus en plus flou mais également, par un subtil retournement, de plus en plus fascinant.

Et à partir de la cinquième page, tout a basculé.

Car parmi bien d'autres étrangetés, nous avons soudain découvert, entre deux grondements d'orage, une mystérieuse fonction dont, à lui seul, le nom avait suffi à nous faire rêver : *la « fonction zêta »* !

La fonction zêta...

Une formidable énigme semblait cachée au cœur de cette formule indéchiffrable. Nous ne savions pas pourquoi mais l'étrange grimoire que nous tenions entre nos mains nous semblait receler un secret. Un trésor fabuleux dont nous devions absolument trouver la clé. Un secret qui, nous le sentions dans la confusion de nos enfances mélangées, pouvait nous emmener au-delà de l'espace et du temps, jusqu'à l'origine de tout, jusqu'à la cause mystérieuse qui a engendré l'Univers. Mais pourquoi ? Pourquoi cette idée somme toute absurde, sans queue ni tête, avait-elle soudain germé ce jour-là dans nos esprits échauffés par l'orage ?

À cet instant, nous étions bien loin de nous douter que quarante ans plus tard, un mathématicien anglais, Marcus du Sautoy, du fond de son bureau aux boiseries lustrées de l'université d'Oxford, allait faire tourner dans sa tête la même sensation de secret cadenassé dans la mystérieuse fonction : « *L'hypothèse de Riemann est la longitude des mathématiques. En la résolvant, on ouvre la perspective d'établir la carte des eaux brumeuses du vaste océan des nombres. Cela ne constituerait qu'une étape dans notre compréhension de ce secret de la Nature. Si seulement nous pouvions trouver le secret nous permettant de naviguer sur les nombres premiers, qui sait alors ce que nous trouverions au-delà, n'attendant que nous*[1] *?* »

1. http://villemin.gerard.free.fr/Wwwgvmm/Identite/Riemann.htm

Oui... Qui sait ce que nous pourrions trouver là-bas...

*

Lentement, l'orage s'était calmé, ne laissant plus filtrer à l'horizon que des éclairs silencieux. Très longtemps après le départ d'Alexandre, sans descendre dîner, nous avons discuté de ce mystérieux article. Nos échanges ont duré jusqu'à l'aube. L'émotion presque physique qui nous avait emportés au seuil des questions les plus cruciales sur l'origine de l'Univers avant le Big Bang ne nous a plus jamais quittés.

Pour l'heure, plus de 10 000 mathématiciens du monde entier se sont lancés à l'assaut de la conjecture de Riemann. Jusqu'ici, tous ont échoué. La célèbre Fondation Clay, aux États-Unis, a beau réserver depuis des années un prix d'un million de dollars à celui – ou celle – qui parviendra à démontrer la redoutable hypothèse, personne n'est encore venu réclamer cette récompense.

Mais que nous cache donc cet étrange être mathématique ? Quel secret ultime ? Quelle trace a-t-il laissée au cœur de la matière ?

Et d'où vient-il ?

À l'aube de nos 15 ans, nous nous sommes mis en tête d'en savoir plus. Nous n'avions alors aucune idée du chemin inouï, parfois dangereux, que nous allions devoir suivre.

Qu'allions-nous rencontrer au bout de ce long périple ?

4

Le Dieu d'Einstein

2 octobre 1929, à Berlin. Une pluie froide comme la nuit, plus mouillée que d'habitude, éclabousse les ombres glissantes sur les pavés balayés par les vents du nord. Englouti sous son imperméable ruisselant, une silhouette sans épaisseur vient d'entrer au 5 de la rue Haberland. Cinq étages plus haut, comme amaigrie par la montée des marches, la silhouette pénètre dans l'appartement de celui qui, depuis plus de dix ans, est tenu pour le plus grand savant du monde : Albert Einstein.

Einstein !

Un mythe déjà, indifférent à la terrible tempête économique qui, depuis quelques semaines, fait rage dans le monde entier. L'homme qui vient de se laisser chuter dans un fauteuil de cuir s'appelle George Sylvester Viereck. Il a interviewé le maréchal Foch. Puis Clemenceau.

Et même Hitler, qui l'a marqué au fer dans sa chair. Or aujourd'hui, face à Einstein, il veut aller plus loin. Bien plus loin. Mais jusqu'où ?

Jusqu'à Dieu !

Et d'un seul coup, sans reprendre son souffle laissé dans l'escalier, il lui demande à mains jointes :

— *Maître, croyez-vous en Dieu ?*

Einstein bourre sa pipe. Réfléchit entre deux bouffées. Donne un coup de tison aux bûches qui crépitent dans la cheminée. Et enfin il glisse, sous sa moustache à demi souriante :

— *Tout est déterminé par des forces que nous ne contrôlons pas...*

Einstein pousse un soupir, remue les braises à l'aide d'un tisonnier avant de continuer à voix basse :

— *Tout est déterminé, pour l'insecte comme pour l'étoile. Êtres humains, légumes ou poussières d'étoile, nous dansons tous au rythme d'un air mystérieux joué au loin par un joueur de flûte invisible.*

Cette interview d'Einstein qui fera grand bruit a été publiée le 26 octobre 1929 dans les colonnes du plus ancien quotidien américain, le *Saturday Morning Post*. Elle reflète parfaitement l'idée que se faisait le grand savant de ce qu'il appelait lui-même « le mystère suprême ». Mais que cache ce fameux mystère ? Pour la première fois au milieu des années 30, Einstein allait avoir l'occasion d'en dire un peu plus. Au soir du 19 janvier 1936, une jeune écolière, Phyllis Wright, bien droite sur ses deux pieds, lui avait adressé cette lettre plutôt étonnante :

Mon cher docteur Einstein,

Nous avons préparé pour vous une question : est-ce que les scientifiques prient ? Dans notre classe du dimanche, nous nous sommes demandé s'il est possible de croire à la fois à la science et à la religion.

Nous nous sentirions grandement honorés si vous pouviez nous répondre : les scientifiques prient-ils et pour quoi prient-ils ?

Nous sommes en sixième année, dans la classe de Mlle Ellis. Respectueusement vôtre,

Phyllis

À peine cinq jours plus tard, Einstein a adressé à Phyllis la réponse que voici :

Ma chère Phyllis,

Tous ceux qui sont sérieusement impliqués dans la science finiront par comprendre un jour qu'un esprit se manifeste dans les lois de l'Univers, un esprit immensément supérieur à celui de l'homme.

Cordialement vôtre, A. Einstein

*

Depuis ce jour lointain de 1936, cette réponse d'Einstein traverse l'horizon de la pensée, telle une étoile filante. Nous l'avons découverte dans un livre sur la relativité en 1989, tranquillement allongés dans une prairie ensoleillée – toujours au fin fond de la Gascogne. Une vingtaine d'années s'étaient écoulées depuis notre inoubliable découverte de la fonction zêta de Riemann dans la grande salle du château de Saint-Lary. L'été rayonnait en silence sur les champs de blé.

Cette année-là, notre oncle Joseph von Colloredo-Mansfeld (que tout le monde en Autriche appelait encore « Monseigneur ») avait décidé de passer quelques semaines au château. Un matin, au petit déjeuner, entre deux gâteaux plats, oncle Joseph nous avait entraînés dans une longue discussion sur sa rencontre avec Einstein en 1928. Alors qu'il venait d'entrer à l'université de Vienne, notre oncle s'était trouvé un beau jour nez à nez avec le Maître dans un couloir au sortir de l'une de ses conférences. Avec ce mélange de curiosité et d'indifférence qui lui était propre, Einstein avait fait mine de s'intéresser à ce grand gaillard élégant qui lui avait coupé la route. Et de fil en aiguille, oncle Joseph avait passé le reste de l'après-midi sur l'un des bancs lustrés du département de Physique, ne parlant pas de grand-chose avec le père de la relativité. Mais aussi de Dieu. Depuis, notre oncle ne s'était jamais éloigné de ces heures dérobées au hasard, à tel point qu'il nous avait forcés à lire en allemand le petit livre d'Einstein sobrement intitulé *La Relativité*.

Plus que bien d'autres, cet ouvrage parle en profondeur des « lois de l'Univers ». Embusqués dans l'herbe, à l'abri d'une brise de chaleur venue du sud, nous nous étions demandé ce jour-là d'où pouvaient donc provenir ces fameuses lois. Étaient-elles déjà là avant la création de l'Univers ? Existait-il « quelque chose » avant la naissance de la matière, de l'espace et du temps ? Avant même le Big Bang ?

5

Les trois questions ultimes

Notre chemin vers ce « miracle » originel – vers Dieu ? – a donc commencé en 1989. Cette année-là, au cours du long dialogue autour de Dieu et la Science que nous avons eu la chance d'avoir avec le philosophe chrétien Jean Guitton – l'un des quatre héritiers majeurs de la pensée de Bergson –, nous nous sommes posé trois questions :

– D'où vient la formidable énergie qui, il y a 13 milliards et 820 millions d'années, en un instant dix millions de milliards de milliards de milliards de milliards de fois plus bref qu'un éclair, a jailli dans le vide primordial au moment du Big Bang ?

– Par quel prodige cette énergie est-elle à ce point « réglée » qu'elle a permis à tous les atomes d'hydrogène – tous, c'est-à-dire 98 % de la matière connue dans l'Univers – de naître en à peine trois minutes après le Big Bang ? Par quel « miracle » 98 % de la matière composant aujourd'hui le cosmos a-t-elle pu se former dans les 180 premières secondes de vie de notre Univers et plus jamais après ?

– A-t-il existé « quelque chose » avant cet instant inouï qu'on appelle le Big Bang ? Et si oui, à quoi donc pouvait ressembler cette réalité si étrange, si différente qui a précédé notre univers *avant* le Big Bang ?

Ces trois questions vertigineuses, encore jamais posées, nous avaient laissés à l'époque face à un abîme. Pour tenter de trouver l'ombre d'une réponse, nous avons alors plongé tête la première dans la recherche scientifique. Avec en ligne de mire deux thèses de doctorat, l'une en mathématiques, soutenue aux premiers jours de l'été, le 26 juin 1999, dans le célèbre amphi Becquerel de l'École polytechnique, l'autre en physique théorique, décrochée le 8 juillet 2002 au Laboratoire de physique mathématique de l'université de Bourgogne. Après mille tâtonnements, des centaines de pages arrachées à nos carnets et jetées au feu, nous avons fini par identifier des instruments mathématiques d'un genre nouveau qu'on appelle des « groupes quantiques ». De quoi s'agit-il ?

*

Marquons une pause. Les mystérieux groupes quantiques sont des êtres algébriques complexes et difficiles à contrôler. Ils ont été découverts vers la fin des années 70 par un petit groupe de mathématiciens auquel appartenait notre directeur de thèse, Moshé Flato. Un beau jour de 1993, comme il nous voyait barboter sans fin dans un marécage de questions insolubles, celui-ci nous avait lancé avec un clin d'œil complice : *« Regardez du côté des groupes quantiques ! Vous pourriez avoir de bonnes surprises... »* En effet, mais à condition de savoir s'en servir. Au début, face à ces formes de vie algébrique entièrement nouvelles, nous avons sué sang et eau. En fait, il nous a fallu plus d'un an pour apprendre à calculer sans faire de fautes. Mais à partir de là, leur puissance nous a permis, pour la première fois, de percer le redoutable mur qui, au fond de l'infiniment petit, borne l'Univers au moment du Big Bang : le *mur de Planck*. À grands coups de formules compliquées et à force de nuits blanches, nous avons fini par démontrer dans la partie purement mathématique de nos recherches un théorème étrange. Il commence ainsi : *« Soit x appartenant à H tenseur H un 2-cocycle et soit Hx l'algèbre de Hopf twistée de Drinfeld associée à l'algèbre de Hopf H. Alors il existe un produit bicroisé cocyclique de la forme, etc. »*

S'ensuit alors la formule du fameux produit bicroisé cocyclique puis plusieurs pages de calculs qui nous ont immobilisés plus d'un an jour et nuit derrière nos ordinateurs avant d'en venir à bout.

Qu'avons-nous alors découvert, une fois ce théorème démontré et appliqué à l'espace-temps à l'instant du Big Bang ? Un coup de tonnerre, auquel aucun de ceux qui nous avaient accompagnés durant nos années de recherches ne s'était préparé. Quelque chose de tellement surprenant que cela a suffi à remettre en cause toutes les croyances du début des années 2000 sur l'origine de notre Univers. Ce que nous avons montré, c'est qu'il existait bel et bien « quelque chose » avant le Big Bang. Avant cette fraction de seconde incroyablement brève marquant le commencement du temps.

Mais quoi donc ?

Avant d'aller plus loin vers une possible réponse, nous allons découvrir un événement rare – et très insolite – qui s'est produit en 2006. Il annonce sans nul doute de profonds bouleversements dans la manière dont les scientifiques – et vous par la suite – considèrent l'hypothèse Dieu.

6

Un message dans le ciel

3 juin 2006, aux États-Unis. Il est 7 h 15. Ce matin-là, les examinateurs de la très sélective archive scientifique de l'université Cornell – la désormais célèbre arXiv – bondissent de leurs chaises. L'article qu'ils viennent de recevoir sur leurs écrans les laisse sans voix. Peuvent-ils publier une chose pareille ? Un tel brûlot ne risque-t-il pas de ruiner en un instant la réputation de l'arXiv ? La discussion fait grand bruit, court parmi les étages comme une traînée de poudre, ameute la hiérarchie de l'archive. Menace de tout faire exploser. Jusqu'à ce qu'au nom de la liberté de penser et vu la haute réputation des auteurs, la décision soit prise : l'article sera publié !

9 h 30. Sourcils froncés, les modérateurs de l'arXiv viennent donc de mettre en ligne le sulfureux article. Trois pages explosives qui vont secouer le monde entier. Son titre ? « *Un*

Message dans le Ciel ». Les auteurs ? Deux physiciens théoriciens connus dans le monde entier. D'abord Anthony Zee, de l'université de Californie, l'un des meilleurs experts de la planète en théorie quantique des champs. Professeur respecté, *visiting Professor* à l'Institut d'études avancées de Princeton, auteur de plus de 200 publications scientifiques, il a été l'élève de deux monuments de la science au plan mondial, l'académicien Sidney Coleman, de Harvard, et le médaille Fields Edward Witten, de Princeton.

Steve Hsu, second signataire de l'article, n'est pas en reste. Docteur de l'université de Berkeley, professeur titulaire et détenteur de la chaire de Physique théorique de l'Université de l'Oregon, directeur de l'Institut des sciences théoriques, vice-président de la Recherche et des Études supérieures de la Michigan State University, Steve Hsu est également l'un des experts réputés dans le domaine du machine learning.

*

Alors ? Que nous dit le fameux article de ces deux stars de la physique théorique ? Quelque chose de stupéfiant : une sorte de « message cosmique » serait encodé dans les profondeurs de l'Univers ! Dans le résumé de présentation, les auteurs n'y vont pas par quatre chemins : « *Nous soutenons que le fond diffus cosmologique (CMB) fournit une formidable opportunité au Créateur de notre univers (en supposant qu'il en existe un) d'avoir envoyé un message à ses occupants, en utilisant la physique connue*[1]. »

Une affirmation pour le moins explosive qui, pourtant, sera publiée quelques mois plus tard dans les pages du prestigieux journal à comité de lecture *Modern Physics Letters A*.

Sans se soucier des cris d'orfraie poussés par leurs collègues, les deux savants n'ont pas hésité à proposer une hypothèse pour le moins ahurissante. Au risque de donner des sueurs froides à leurs collègues, Zee et Hsu n'ont eu aucune réticence à poser cette question à couper le souffle : « *Supposons qu'un être ou des êtres supérieurs aient créé l'Univers. Nous n'abordons pas la question de savoir si oui ou non c'est probable, mais avançons simplement cette supposition. Supposons en outre qu'ils aient vraiment voulu nous informer que l'Univers a été créé intentionnellement. La question que nous posons est la suivante : comment pourraient-ils nous envoyer un message ?* »

Sans états d'âme, les deux physiciens nous

1. S. Hsu et A. Zee, *Message in the Sky*, arXiv:physics/0510102v3 (2006).

livrent alors leur réponse : « *Nous sommes convaincus que le support pour ce message est unique : ce ne pouvait être que le fond diffus cosmologique. Celui-ci constitue en effet un panneau d'affichage géant dans le ciel, visible par toutes les civilisations technologiquement avancées. Comme les différentes régions du ciel sont causalement déconnectées, seul l'Être "présent au moment de la création" pouvait placer un message là-bas.* »

L'Être présent au moment de la création !

La formule, inaudible pour des scientifiques raisonnables, a de quoi choquer. Pourtant, elle reflète ce qu'à notre tour nous avons pu ressentir au long de notre chemin vers la singularité initiale marquant l'origine. Là où l'Univers entier n'était encore qu'un point mathématique. Une abstraction sans dimension. Hors du temps et de l'espace. Une idée pure.

D'où vient cette idée ?

7

À la recherche du message

Neuf ans se sont écoulés depuis la publication retentissante de l'article d'Anthony Zee et Steve Hsu. Celui-ci a fait des vagues dans le monde feutré de la physique théorique. Mais finalement, les choses se sont calmées et l'hypothèse folle de nos deux agitateurs a fini par être acceptée. Car, entre-temps, l'idée d'une sorte de « code réglant l'Univers » a ressurgi, donnant une dimension nouvelle à notre enquête. Un exemple frappant ? En novembre 2010, le physicien américain Vahagn G. Gurzadyan (directeur du Centre de cosmologie de l'Institut de physique d'Erevan) et trois de ses collègues ont publié dans la revue *Astronomy and Astrophysics* un article ultra-documenté dans lequel ils affirment : « *Le ciel cosmologique est faiblement aléatoire*[1]. » Autrement dit, le hasard n'existe pas dans l'Univers naissant !

1. V.G. Gurzadyan et al., « A Weekly Random Universe ? », *Astronomy and Astrophysics* 525(6), novembre 2010.

Quelques mois plus tard, le même Gurzadyan a d'ailleurs enfoncé le clou en entamant une longue série d'articles avec le célèbre mathématicien d'Oxford, Roger Penrose. Cette fois, on va droit au but : l'ordre observé dans le fond diffus (une forme circulaire) pourrait fournir la preuve de l'existence d'une *information* avant le Big Bang. Nous reviendrons en temps voulu sur cette idée qui, portée par cette star de la physique mathématique qu'est Penrose, renforce notre propre hypothèse (proposée en 1991) d'une phase immatérielle précédant le Big Bang.

Mais allons plus loin : comment peut-on parler d'un ordre au sein de la matière alors qu'à cette époque (quelques centaines de milliers d'années après le Big Bang) l'Univers naissant n'est encore qu'un brouillard brûlant de particules élémentaires tourbillonnant n'importe où dans un chaos apparemment irréductible ?

Une réponse forte – et très convaincante – nous a été fournie par le physicien théoricien américain Steve Carlip, de l'université de Californie. Ce chercheur mesuré et exigeant est loin d'être le premier venu. Il est en effet connu pour ses contributions majeures à l'étude de l'Univers primitif. Or pour lui, aucun doute possible : les « taches » rouges et bleues représentant les régions chaudes et froides sur la « carte photographique » du bébé Univers ne sont pas distribuées au hasard : « *Lorsque nous observons le rayonnement fossile, nous voyons des petites variations dans son spectre, qui proviennent de petites variations de densité. Ces variations ne sont pas dues au hasard, et leur modèle est prévisible et bien compris*[1]. » Et pour bien asseoir son raisonnement, il poursuit avec enthousiasme : « *En particulier, l'on observe l'image précise de corrélations entre les "points chauds" (provenant de pics) et les "points froids" (provenant de creux). La théorie ne se contente pas de prédire quelques chiffres, mais propose une courbe extrêmement élaborée, et les observations tombent pile sur cette courbe*[2]. »

*

Pour donner une idée du caractère phénoménal de cet ordre qui régnait d'un bout à l'autre de l'Univers à sa naissance, il suffit de rappeler que lorsqu'en 1989, l'astrophysicien Richard Isaacman (l'un des responsables de l'analyse des données du satellite astronomique COBE)

1. http://newsgroups.derkeiler.com/Archive/Talk/talk.origins/2010-07/msg03973.html
2. *Ibid.*

a tout à coup reconnu, au cœur de la première lumière, les fascinantes courbes caractéristiques d'un état d'équilibre thermique quasi parfait au sein de la matière naissante, il a été saisi d'une intense émotion : « *J'ai senti que j'étais en train de regarder Dieu en face*[1] », a-t-il confié quelque temps plus tard.

Ce constat – qui a déjà de quoi secouer les consciences – a été confirmé avec panache par les observations du satellite astronomique Planck, lancé vingt ans après l'engin américain. Nous voici donc le 6 février 2015. Cette nuit-là, nous étions devant nos écrans. Après des années d'attente enfiévrée, les premiers résultats cosmologiques tirés des photographies du rayonnement fossile par le satellite Planck ont été mis en ligne.

Ce que nous avons lu alors nous a laissés sans voix. Car, faisant table rase de la langue de bois, les théoriciens de la mission Planck suggèrent que la radiation fossile encode des informations remontant à la naissance de la réalité matérielle, aux tout premiers instants après le Big Bang. Un encodage qui pourrait même, selon les plus audacieux, trouver son origine *avant* la naissance de la matière. En effet, 98 % de la

1. *In* http://www.wcg.org/lit/booklets/science/debate1a.htm

matière connue – les noyaux d'atome d'hydrogène – émerge en à peine trois minutes après le Big Bang. Mais d'où vient ce formidable torrent d'énergie ? Par quel mystère est-il si bien réglé ? À ce stade, les experts répondent (prudemment) qu'il a peut-être existé un état de l'Univers *antérieur* au Big Bang. Ce pas a été franchi par l'astrophysicien George Efstathiou, directeur du prestigieux Institut de cosmologie à l'université de Cambridge et très impliqué dans la mission Planck dont il est l'un des ténors. Or, ce chercheur respecté entre tous n'a pas hésité, fin mars 2013, à déclarer, au risque de s'attirer les foudres de ses collègues : « *Il est parfaitement possible que l'Univers ait connu une phase avant le Big Bang, qui ait vraiment existé, et que l'on puisse suivre l'histoire de l'Univers jusqu'à cette période précédant le Big Bang.* » Et pour faire bonne mesure, il a ajouté : « *Il semble qu'il y ait comme une mémoire gravée aux plus grandes échelles de phases antérieures de l'Univers.* » Déjà, en 1993 – treize ans avant d'obtenir le prix Nobel –, George Smoot avait pris le risque de poser dans son livre cette question prophétique : « *Qu'y avait-il avant le Big Bang ? Qu'y avait-il avant le commencement du temps*[1] *?* »

1. Georges Smoot, *Les Rides du temps. L'Univers, 300 000 ans après le Big Bang*, Flammarion, 1994.

Réfléchissons : cet état antérieur à la naissance de notre réalité pourrait être une pure *information*, au sens de la théorie de l'information (sur laquelle nous reviendrons plus loin). De manière étonnante, c'est ce qui filtre sur le site officiel consacré par l'ESA au satellite Planck à la rubrique « *Avant le Big Bang* ».

Nous voici donc à nouveau ramenés à l'hypothèse d'une sorte de « code » immergé dans les entrailles de l'espace-temps. Mais tout cela reste encore plutôt vague.

*

En attendant, l'idée même qu'il puisse exister un « code » dans les profondeurs de notre Univers, de l'infiniment petit à l'infiniment grand, paraît complètement folle. Pourtant, de plus en plus de scientifiques de premier plan commencent à le penser. Et osent l'affirmer à voix haute. Tel le physicien théoricien Heinz Pagels, directeur de l'Académie des sciences de New York dans les années 80 et ancien président de la Ligue internationale des droits de l'homme. Dans son spectaculaire best-seller *Le Code cosmique*, ce scientifique pourtant bien connu pour sa prudence n'a pas hésité à écrire dès 1982 : « *Je pense que l'Univers est un message codé, un code cosmique, et le travail du scientifique est de déchiffrer ce code.* »

Enfonçant le clou, il a d'ailleurs conclu son livre sur cet avertissement : « *Le plus grand défi de notre civilisation sera de maîtriser les éléments du code cosmique après leur découverte.* »

Un point de vue que son élève le plus doué, le physicien théoricien Seth Loyd, chercheur au MIT, n'a jamais oublié. Ce pionnier des énigmatiques ordinateurs quantiques (et aujourd'hui conseiller secret auprès des théoriciens de la puissante NSA) poursuit la même idée depuis le début des années 2000 : l'Univers matériel – les arbres qui vous entourent, le soleil qui vous éclaire, la chaise sur laquelle vous êtes assis – repose sur quelque chose *qui n'est pas matériel* ! Mais sur quoi donc ? Très en verve sur le sujet, entraînant derrière lui de plus en plus de scientifiques – mathématiciens, informaticiens mais aussi physiciens –, Seth Loyd a apporté un début de réponse dans son livre explosif *Programming the Universe* : « *Toute chose dans l'Univers est faite de bits d'information. Non pas des morceaux de matière mais des fragments d'information – des 0 et des 1. Les atomes et les électrons ne sont rien d'autre que des bits, organisés au sein d'un programme*[1]. »

1. Seth Loyd, *Programming the Universe*, Vintage, 2006.

Un programme ? En somme, encore une fois, une sorte de code ! Voilà qui devient passionnant.

Et qui donne un sens inédit aux questions posées plus haut : à quoi pourrait donc ressembler un tel « code » ? Où donc se cache-t-il, s'il existe ? *D'où vient-il ?*

Encore plus étonnant : mélangez un jeu de 52 cartes. L'ordre que vous obtiendrez n'a jamais existé et n'apparaîtra plus jamais nulle part. Pourquoi ? Parce que si tous les êtres humains sur Terre mélangeaient des jeux de cartes pendant mille ans, le nombre de battues obtenues serait encore infime face au nombre total de combinaisons possibles.

Autre chose : comment expliquer qu'un atome est fait à 99,9999999999999 % de vide ? Si l'on supprimait ce vide, l'humanité entière tiendrait dans un petit morceau de sucre ! Et puisque nous parlons d'atomes, ne perdons jamais de vue qu'il existe à peu près autant d'atomes dans une goutte d'eau qu'il y a de gouttes d'eau dans tous les océans de la planète...

*

C'est par ces interrogations profondément subversives que va se poursuivre notre enquête. Pour certains – presque toujours des mathématiciens –, on devine la trace à peine visible de ce qui ressemble aux instructions formant une sorte de « programme » caché au cœur de ces choses banales qui nous entourent, ces éléments de la nature auxquels nous ne faisons guère attention. Lesquels ? Par exemple les cristaux de neige dont nous vous avons déjà parlé. Avec leurs six branches en étoile parfaitement symétriques, ils semblent tous dessinés à partir du même modèle géométrique par une main invisible. Pourtant, il n'y en a pas deux semblables dans tout l'Univers ! Comment est-ce possible ? Par quel miracle ?

Et par quel prodige ces merveilleuses fleurs d'été qui nous entourent dans un pré – par exemple des marguerites blanches – ont-elles toutes, sans exception, trois, cinq ou huit ou encore treize pétales mais *jamais* quatre, sept, dix ou onze ? Pourquoi ? Toutes les fleurs du monde obéissent à une étrange suite mathématique, découverte au Moyen Âge par le mathématicien Fibonacci. Une suite qui règle les spirales des coquillages tout autant que celles des galaxies. D'où vient cette suite infinie ? Est-ce que, dans les profondeurs mathématiques, cette étrange suite ne représente pas le fragment d'un code bien plus mystérieux encore, réglant la marche de l'Univers ?

D'autant plus que, comme nous le verrons par la suite, il existe une relation profonde entre la suite de Fibonacci, les nombres premiers et... la mystérieuse fonction zêta, débusquée dans la grande salle du château. Si, comme le disait Bachelard, « *l'Univers murmure à notre oreille dans une langue inconnue* », le lien entre la suite de Fibonacci, les nombres premiers et la fonction zêta nous permettra-t-il de comprendre quelques mots de cette langue hermétique ?

*

En attendant de plonger plus loin dans les profondeurs de la mystérieuse fonction zêta, voyons de plus près ce qui, en 1927, a pu pousser Einstein à lancer, sous les voûtes lustrées de l'hôtel Métropole à Bruxelles, sa formidable formule : « *Dieu ne joue pas aux dés.* »

8

Les dés de Dieu

Face à cette entité étrange, indéchiffrable, enfouie dans le passé lointain et que les physiciens appellent aujourd'hui la « singularité initiale », nous sommes désormais convaincus que l'Univers n'est pas né par hasard. Que son évolution est puissamment encadrée par un implacable cartel de lois et de paramètres cosmologiques qui gouvernent à chaque instant chaque étape de la naissance de la matière. Ces lois immuables, nous en avons entrevu la source énigmatique en deçà de ce que les physiciens appellent le « mur de Planck », c'est-à-dire avant le Big Bang. De sorte que le Big Bang lui-même obéit à un scénario vertigineux de précision. Sommes-nous seuls à le penser ? Loin de là. Des scientifiques de premier plan n'hésitent pas à dire que si l'Univers est unique, alors sa naissance, si parfaitement ordonnée, est vraiment un « miracle ».

Très vite, nous voyons surgir une question nouvelle : est-ce que cet extraordinaire « réglage » primordial pourrait avoir laissé des indices de son existence autour de nous ? Des « traces » dans notre Univers ? Peut-être bien.

*

Parmi ces traces plus ou moins visibles, celles qui ne cessent de hanter les théoriciens – nous y compris – sont les grandes constantes universelles. Ces nombres purs, sans dimension, sur lesquels repose toute la réalité. Par exemple le nombre Pi. Ou bien la constante de structure fine, qui règle l'intensité de la force électromagnétique à l'origine de la lumière. Ou encore le célèbre nombre d'or, 1,61803... D'où viennent de tels nombres, dont les milliards de décimales sont réglées à l'infini ? Mystère. D'où vient le nombre Pi ? Les 39 premières décimales de Pi suffisent à évaluer avec une précision inférieure au diamètre d'un atome d'hydrogène le périmètre d'un cercle de la taille de l'univers connu et observable. Mais en réalité, il y a une infinité de décimales, toutes autant ajustées que les premières ! Mais justement, comment se fait-il que pas une seule de ces milliards de milliards de décimales ne surgit au hasard ?

Aucun mathématicien ne peut répondre à ces questions. Pire encore ! Des chercheurs américains de l'université de Rochester viennent de découvrir que le nombre Pi est présent au cœur de la matière, plus précisément à l'intérieur de l'atome d'hydrogène. En fait, ce nombre étrange, dont l'origine est inconnue, reflète très exactement la répartition de toutes les orbites possibles des électrons dans un atome d'hydrogène.

Et pourtant...

Quels que soient nos efforts, jamais nous ne connaîtrons le nombre Pi. Jamais. Car les décimales de cette indéchiffrable constante s'enfuient à l'infini : l'on ne découvrira jamais que 0 % de Pi. Bien sûr, certains athlètes de l'esprit ont appris par cœur des milliers de décimales. Pour ce qui nous concerne, galvanisés dans notre enfance par le sémillant Pépé (souvenez-vous, notre moniteur d'été) nous avons mémorisé en un mois et récité d'un trait en une demi-heure les mille premières décimales de Pi. Un exploit ? Pas vraiment. Car il ne représente rien face à ce qu'accomplissent les grands montagnards de Pi. Ainsi, en 2010, le Japonais Akira Haraguchi a posté une vidéo dans laquelle il récite de tête, sans manger ni dormir – et sans la moindre erreur –, 101 031 décimales de Pi. Mieux, à l'aide d'un programme utilisant la miraculeuse formule découverte en 1910 par le mathématicien prodige Ramanujan, un Japonais

– encore un – est parvenu en 2014 à calculer 13 300 milliards de décimales de Pi. On mesure l'exploit, quand on sait que pour un homme, compter seulement jusqu'à un milliard prendrait environ 80 ans ! N'empêche, c'est comme si l'on avait finalement rien calculé. Comme si l'on s'était mis en tête de vider en un seul jour toute l'eau de tous les océans de la Terre à l'aide d'une cuillère à café. Et pour couronner le tout, de plus en plus d'indices incitent les mathématiciens à penser que, contrairement à ce que l'on croyait jusqu'ici, les décimales de Pi ne se succèdent pas au hasard : elles obéissent à un ordre rigoureux, dont l'origine nous est inconnue. Un ordre qui fait que ce nombre à jamais inconnaissable est réglé à l'infini depuis l'aube des temps. Pi existait avant la création de notre monde. Avant l'apparition de notre Univers. En fait, Pi existe depuis toujours et pour toujours, réglé à l'infini et pour l'éternité. Réglé par qui ? Par quoi ?

Mais déjà, d'autres questions se bousculent. Par quel prodige le noyau de l'atome d'hydrogène est-il exactement 1 835 fois plus lourd que son satellite l'électron ? Pourquoi 1 835 et pas 1 836 ou 1 834 ? Par quel mystérieux codage ? Le neutrino « pèse » un électron-volt. Et le proton ? Il est tout simplement 938 millions de fois plus lourd. Mais ce n'est encore rien à côté de cette autre particule qu'est le quark top, 175 milliards de fois plus lourd que le neutrino. Comment expliquer ces gouffres de différences ? Et comment expliquer que la durée de vie de notre fameux proton soit de 10^{40} ans – 10 000 milliards de milliards de milliards de milliards d'années – alors que celle du neutron (qui, blotti au cœur du noyau, est pourtant son compagnon le plus proche) est de tout juste... un petit quart d'heure ? Sans cette vertigineuse différence, jamais la matière n'aurait pu se former aux tout premiers instants après le Big Bang.

Mais quel phénomène inimaginable a donc pu ajuster l'une sur l'autre ces deux horloges si incroyablement différentes ? Un autre exemple tout aussi frappant nous est fourni par le célèbre prix Nobel de physique Steven Weinberg. Bien qu'agnostique autoproclamé, celui-ci relève dans le journal *Scientific American* : « *Il est surprenant que les lois de la nature et les conditions initiales de l'Univers permettent l'existence d'êtres susceptibles de l'observer. La vie telle que nous la connaissons serait impossible si une quelconque des quantités physiques avait eu une valeur légèrement différente.* » Pour enfoncer le clou, Weinberg décrit comment un isotope du béryllium ayant une minuscule

semi-vie de 0,0000000000000001 seconde doit trouver et absorber un noyau d'hélium durant ce temps infime avant de se désintégrer. Cela se produit uniquement à cause d'une correspondance d'énergie vertigineusement ajustée entre les deux noyaux. Si cela ne s'était pas produit, il n'y aurait aucun élément lourd dans l'Univers. Pas de carbone, pas d'azote, pas de vie. Notre univers ne serait composé que d'hydrogène et d'hélium. De fait, si l'énergie du Big Bang avait été (en unités arbitraires) non pas 100000000
00000000000000000000000000000000000000
00000000000000000000000000000000000000
0000000000000000000000000000000000000,
mais plutôt :

100000000000000000000000000000000000
00000000000000000000000000000000000000
00000000000000000000000000000000000000
000000000001, aucune forme de vie n'aurait pu apparaître dans l'Univers. Michael Turner, astrophysicien de l'université de Chicago et du Laboratoire Fermi, décrit l'ajustement de l'univers avec cette forte comparaison : « *La précision équivaut à lancer une fléchette à l'autre bout de l'univers et à atteindre un minuscule carré d'un millimètre de côté.* »

Une nouvelle fois, on a la furieuse impression qu'une sorte de « code » a réglé la question au moment du Big Bang (et peut-être même avant). Mais quel code ? D'où a-t-il surgi ?

La question vaut encore pour ce nombre pur qui fascinait le prix Nobel de physique Richard Feynman, l'étrange constante de structure fine – dont la mesure expérimentale, voisine de zéro, est 0,00729735256 – et qui règle l'intensité de la lumière : « *L'on voudrait à tout prix savoir d'où vient ce nombre. Est-il relié à Pi ou bien encore à la base des logarithmes naturels ? Personne ne le sait. C'est l'un des plus grands mystères de la physique, un nombre magique donné à l'homme sans qu'il comprenne quoi que ce soit. On pourrait dire que "la main de Dieu" a tracé ce nombre et que l'on ignore ce qui a fait courir la plume. On connaît le rituel expérimental auquel il faut procéder pour le mesurer, mais on ne sait pas quel programme il faut mettre dans son ordinateur pour en faire sortir ce nombre.* »

Pour certains scientifiques (dont nous sommes) le réglage combiné de ces nombres purs trouve sa source à l'instant du Big Bang. C'est par exemple ce qu'affirme le célèbre mathématicien anglais Sir Roger Penrose, de l'Université d'Oxford. Dès 1989, il a lancé haut et fort : « Au moment du Big Bang, les choses étaient hautement organisées. » Ses calculs montrent qu'à cet instant, l'entropie – c'est-à-dire le désordre – de l'Univers était infime : 1 divisé par 10 puissance 10 puissance 123. Même en écrivant un 0 sur chaque proton et sur chaque neutron de l'univers entier, il n'y aurait pas assez de particules élémentaires dans tout l'Univers pour écrire ce nombre colossal en entier !

*

Encore une fois, d'où viennent ces nombres purs ? Quelle en est l'origine ? Aucun mathématicien au monde ne pourra jamais dire d'où vient le nombre π. Pas plus que le nombre d'or ou encore la constante d'Euler. Ces nombres étranges, calculés à l'infini, sont indépendants du temps et étaient donc déjà là avant la naissance de la matière. De même, dans des milliards de siècles, ils survivront à la disparition du dernier atome de réalité physique. En somme, portant en eux l'infini, ils sont là depuis l'éternité et pour l'éternité.

9

La théorie de l'information

Pendant dix ans, nous avons donc cheminé cahin-caha pour trouver une réponse. Jusqu'à nous heurter durement à l'infranchissable mur de Planck qui, dans le lointain passé de l'Univers comme dans l'infiniment petit, borne la réalité matérielle. En somme, le mur du Big Bang ! Notre conviction, en 1991, était que pour trouver ne serait-ce qu'un fragment de réponse, notre chemin vers le mystère originel – vers Dieu ? – devait nous amener à traverser le mur de Planck. À passer, telle Alice, de l'autre côté. C'est donc ce que nous avons fait dans nos deux thèses de doctorat à l'aide des instruments mathématiques dont nous avons parlé plus haut, les fameux « groupes quantiques ».

*

Commençons par reconstituer le raisonnement tout simple qui a été le nôtre au moment où nous avons entamé notre long chemin vers le mystère suprême, celui de la création de notre Univers. Puisque la matière naît au moment du Big Bang, à cette fraction de seconde qu'on appelle l'instant de Planck, cela veut donc dire qu'avant cet instant – avant le Big Bang – la matière n'existait pas encore. Dans ce cas, qu'y avait-il à la place ? Nécessairement quelque chose d'immatériel.

Réfléchissons.

Qu'est-ce qui, autour de nous, existe tout en étant immatériel ? La réponse est simple : il s'agit de l'*information* ! Par exemple, le nombre Pi existe mais il n'est pas matériel. En fait, Pi est une pure information. À partir de ce raisonnement simple mais incontestable, nous en sommes venus, dès 1991, à une première conclusion selon laquelle, avant le Big Bang, à la place de la matière devait exister un monde sans matière, sans espace et sans durée. Un monde totalement immatériel, fait de cette gaze impalpable qu'on appelle l'*information*. Et de même qu'un être humain est précédé par une information qu'on appelle le code génétique, de même il nous est apparu – par le calcul – que le cosmos tout entier doit être lui aussi précédé par une information que nous appelons le « code cosmologique ».

À cette époque, nous nous étions certes avancés sur cette piste en solitaires. Pourtant, l'idée qu'il existe un « fond rocheux », un état fondamental de la réalité qui n'est pas matériel – qui a donc quelque chose à voir avec ce qu'Einstein appelle un « esprit dans les lois de l'Univers » –, avait déjà émergé de manière spectaculaire un demi-siècle plus tôt dans un article découvert en 1988, au fond de l'un des casiers de la grande bibliothèque de mathématiques de l'École normale supérieure, rue d'Ulm. Nous étions alors en recherche de documents pour la préparation de *Dieu et la Science* avec Jean Guitton. Or, les feuillets jaunis par le temps que nous avons dénichés un beau jour nous ont marqués à tout jamais. Vous allez comprendre pourquoi en découvrant la silhouette de leur auteur.

*

Ce matin du printemps 1948, un jeune Américain qui vient de fêter ses 32 ans en avril se frotte les mains. Il a de quoi se réjouir car il vient de terminer un article qui lui a coûté de nombreuses nuits blanches. Un article difficile mais qui est, il en est certain, le plus important de sa vie.

Comment s'appelle ce jeune chercheur ? Claude Shannon.

À la section D2 des systèmes de contrôle de la célèbre compagnie de téléphone Bell dont il est l'un des employés depuis 1940, on ne sait pas grand-chose de lui, sinon qu'il est souvent dans la lune et qu'il est difficile de lui arracher trois mots. Il est vrai que le jeune savant vient de signer un contrat avec la Commission nationale de la recherche pour la défense et qu'il est assigné au secret sur tout ce qu'il fait. Bricoleur à ses heures, il s'est amusé à ses moments perdus à construire une machine à laquelle ses collègues de bureau ne comprennent pas grand-chose. Et pour cause ! Cet engin hérissé de fils est considéré aujourd'hui comme le tout premier PC, le tout premier ordinateur portable de l'histoire. Mais ce qui étonne le plus ses collègues, c'est que Shannon résout en deux temps trois mouvements des problèmes devant lesquels tout le monde piétine. Toujours prêt à rendre service, Claude est vu comme un chic type et on lui tape sur l'épaule quand on le croise dans les couloirs.

Mais ce jeune à la chevelure gominée qui lui donne des airs d'acteur hollywoodien est loin d'être n'importe qui. Car l'article qu'il vient d'achever va mettre le feu aux poudres.

*

Shannon est né en 1916 à Petoskey, une petite ville sans histoire perdue entre deux bosquets au fond du Michigan. Son père, Claude Senior, est le juge de la ville et il s'est forgé la réputation d'un dur à grands coups de marteau sur son bureau de justice. Du côté de sa mère, austère directrice du collège dont l'ombre rodant sur les dalles glace les élèves, les choses ne sont guère plus entraînantes. Du coup, Claude Junior a trouvé refuge dans les livres, surtout lorsqu'on y parle de mathématiques. Résultat, en un rien de temps il finit par décrocher des notes qui laissent bouche bée aussi bien ses camarades que ses professeurs. Presque chaque soir, après un dîner englouti au pas de course, il file au fond du jardin pour s'enfermer dans son royaume secret, une cabane bourrée d'appareils électriques, de postes de radio et autres bobines de cuivre de toutes les tailles. Une fois bouclé à double tour dans son repaire, il peut s'en donner à cœur joie. Par exemple, fabriquer une bizarre trompette lance-flammes, des souris mécaniques qui déboulent à l'improviste sous la table ou encore un étonnant bateau sans fil qui obéit aux ordres de son génial capitaine.

À ce rythme-là, Shannon ne perd pas de temps pour entrer à l'université. Et à 22 ans, il publie un mémoire de maîtrise grâce auquel il récolte aussitôt un prix. Qu'y trouve-t-on ? Les bases de ce qu'on appelle aujourd'hui « le numérique ». Car le jeune homme a eu le coup de génie de proposer l'utilisation systématique des 0 et des 1 pour simplifier les relais (et donc la transmission des signaux) au sein des impressionnants « cerveaux électroniques » de l'époque. Le saut est gigantesque.

Une fois son doctorat du MIT en poche (il y annonce de manière prophétique qu'il existe une sorte de code dans la machinerie génétique), voilà qu'en 1940 il débarque, sous la prestigieuse étiquette de « National Research Fellow » – à 25 ans –, au sein du légendaire Institut des études avancées de Princeton. Déjà un sommet. Il y croise chaque matin John von Neumann, le mathématicien prodige, jonglant avec une dizaine de langues et père du célèbre ENIAC, le tout premier ordinateur de l'histoire, avec sa carcasse de 10 tonnes refroidie à la glace et ses 18 000 lampes. Souvent von Neumann tire le jeune homme par le col jusqu'à son bureau où il s'empresse de couvrir le tableau noir de ses puissantes « algèbres de von Neumann » (dont il est le père et qui nous ont si bien servi dans nos thèses). Il y a aussi le mystérieux Kurt Gödel, calfeutré derrière ses énormes lunettes, qui a publié en 1931 – à seulement 24 ans – son grand théorème d'incomplétude. Un immense monument de pensée.

Au prix d'un calcul effroyable qu'il a poussé jusqu'au bout en serrant les dents, remontant pied à pied le courant dominant de l'époque, s'opposant frontalement au tout-puissant Hilbert, le maître de Göttingen, il a pu démontrer que tout système logique est nécessairement incomplet et que sa cause est extérieure – et opposée – à lui. De quoi en conclure qu'il y a « autre chose » au-delà de la matière et de son origine, d'autant que pour Gödel, le commencement de l'Univers est « codé » par des formes mathématiques accessibles au calcul, lesquelles sont elles-mêmes induites par une cause initiale qui leur est extérieure (et donc à jamais inaccessible, par construction). Disons-le tout net : cette cause initiale, hors de l'espace et du temps, radicalement hors d'atteinte, tracasse beaucoup le jeune Shannon, surtout lorsqu'il se retrouve seul le soir dans sa chambrette d'étudiant. Et c'est au cours de ces longues soirées qu'il a forgé par dérision son célèbre slogan : « *Au début était l'information.* »

*

Mais à Princeton, dans les années 40, c'est surtout Einstein qu'on rêve de croiser par hasard au coin d'une allée. Pour tout le monde, les professeurs comme les élèves, le savant à la crinière ébouriffée est le grand héros de la prestigieuse forteresse universitaire. Shannon ne fait pas exception. Il est très impressionné par ce que le père de la relativité a dit en 1933 lors d'une conférence :

« *La nature est la réalisation des idées mathématiques les plus simples possibles*[1]. » Une phrase qui rejoint pile ce que pense le « National Fellow ».

À tout bout de champ, le jeune homme court donc le retrouver et passe des heures à se promener avec lui sous les bosquets. Chacune de ces rencontres forge sa conviction que l'Univers est, d'une certaine façon, « codé » d'un bout à l'autre, d'autant que Gödel, qui est souvent de la partie, partage ce point de vue. Mais qui, ou quoi, est à l'origine de ce code ? La « cause initiale » dont Gödel lui rebat les oreilles ? Une chose est sûre pour Shannon : Einstein a raison lorsqu'il dit que Dieu ne joue pas aux dés. Impossible de coder quoi que ce soit par hasard...

1. Albert Einstein, « On the Method of Theoretical Physics », *The Herbert Spencer Lecture* (juin 1933), Clarendon Press, 1933.

C'est donc en compagnie de ces penseurs d'exception que Shannon construit, jour après jour, les fondations de la théorie qui va révolutionner le monde. Et en 1948, il publie (en deux parties) son article sous ce titre devenu légendaire : « Théorie mathématique de la communication ».

Sans le savoir, Shannon vient d'entrer dans l'histoire.

10

Du bit à l'atome

Un seul mot, sec comme un claquement de doigts, suffit à décrire le fantastique bond en avant que nous devons à Shannon : le mot « bit », introduit pour la toute première fois dans le fameux article. Vous tombez dessus tous les jours, mais de quoi s'agit-il ? Tout simplement d'un chiffre binaire, dont la valeur est 0 ou 1. C'est lui, le bit, qui nous sert aujourd'hui à mesurer l'information, dans nos ordinateurs et nos téléphones portables. Mais aussi celle contenue dans un message.

Un beau matin, au début des années 50, Shannon vient d'extirper de son tiroir une boîte en carton qu'il s'amuse à appeler la « machine ultime ». En somme, une inépuisable boîte à idées. Ce jour-là, il range à l'intérieur une feuille sur laquelle se trouve griffonné en quelques lignes ce qu'il jure être « la découverte de sa vie. »

De quoi est-il donc question ?

Deux jours auparavant, il vient d'achever un long calcul au terme duquel il a formellement établi que ce qu'on appelle l'entropie dans la matière – le « désordre » – obéit exactement aux mêmes équations que ce qu'il a identifié comme étant l'entropie dans le domaine immatériel de l'information. Du même coup, il réalise que tout – absolument tout au monde – peut être ramené à de l'information. Il a été aiguillé vers cette grande idée par l'un de ses maîtres, sans doute le plus influent de tous : le bouillant Norbert Wiener. Né en 1894, celui-ci a tout de l'enfant prodige. Tout d'abord il apprend à lire tout seul, à l'âge de 2 ans, puis c'est l'entrée à l'université Tufts, alors qu'il n'est encore qu'un galopin de 11 ans. Ses culottes courtes ne vont pas l'empêcher de plonger avec jubilation dans les mathématiques supérieures. Et c'est au pas de charge, à 18 ans à peine, qu'il décroche à Harvard son doctorat en logique mathématique. Est-ce surprenant ? Doctorat en poche, il va choisir de s'inscrire dans la mythique université de Göttingen, pour y suivre à plein temps les cours du grand Hilbert. Enfin, il fait une entrée fulgurante au MIT où il va enseigner durant près d'un demi-siècle. C'est là qu'il fonde la cybernétique et met en marche ses fameuses tortues électromécaniques, capables de se diriger seules vers les prises de courant pour y puiser leur énergie. Et c'est là aussi qu'il lance son slogan révolutionnaire : tout est information ! Autrement dit, une pomme, une locomotive à vapeur, un chien, le corps humain ou une montagne, tout cela n'est autre que de l'information. Et en bon élève, Shannon saisit la balle au bond. Cette information définit une chose de A à Z et l'on peut la mesurer très précisément à l'aide de bits.

*

Dans le monde paisible des années 50, la découverte de Shannon éclate comme un coup de tonnerre. Mais par-dessus tout, il y a quelque chose qui frappe ceux qui (étudiants ou professeurs) ont lu les articles du jeune mathématicien. Quoi donc ? Étrangement, la formule de Shannon est pratiquement *la même* que celle découverte par le grand physicien autrichien Ludwig Boltzmann (fondateur de la thermodynamique statistique) un demi-siècle plus tôt. Comme s'il s'agissait des deux faces d'une pièce unique. Mais l'une nous parle d'énergie et l'autre d'information. Comment raccorder l'une et l'autre ? Autrement dit, existe-t-il un lien véritable, une relation tangible, entre l'énergie et l'information ? Entre cet objet palpable qu'on appelle la matière et cette chose immatérielle, qu'on ne peut pas toucher, et qu'on appelle l'information ?

Avant d'avancer plus en détail vers une réponse possible, faisons un petit détour par Florence vers la fin de la guerre, en 1944. C'est là que le légendaire physicien allemand Max Planck (fondateur de la mécanique quantique et découvreur de la magnifique constante qui porte son nom) donne l'une de ses plus importantes conférences. Celle-ci porte sur la nature de la matière : « *J'ai consacré toute ma vie à la science et l'étude de la matière, et je peux dire ceci en conclusion de mes recherches sur les atomes : il n'y a pas de matière comme telle. Toute la matière est originaire et n'existe que par la vertu d'une force qui cause les particules d'un atome à vibrer et qui soutient tout ce système atomique ensemble. Nous devons supposer derrière cette force l'existence d'un esprit conscient et intelligent. Cet esprit est la matrice de toute matière.* »

Profitons de l'élan que nous communique Max Planck pour remplacer le mot « force » par celui, plus facile à discerner, d'« information ». À partir de là, comment passe-t-on de l'information à la matière ?

11

Le principe de Landauer

Nous voici dans la tranquille Amérique des années 50. Le monde s'éloigne en douceur du déluge de fer et de feu de la guerre qui avait plongé la planète dans un brouillard teinté de sang. Mais sur les collines de Yorktown, à une centaine de kilomètres de New York, l'air est pur et on a tourné la page sur les fracas de la guerre.

C'est le moment qu'un scientifique d'origine allemande émigré aux États-Unis a choisi pour publier l'une des plus puissantes découvertes du siècle : il existe un lien entre l'énergie et l'information. Le nom de ce savant ? Rolf Landauer.

*

Il est né le 4 février 1927 d'un père et d'une mère juive dans les faubourgs enfumés de

Stuttgart. Gamin, il voit débouler dans les rues de son quartier les premières Volkswagen en forme de coccinelle voulues par Hitler pour son peuple et usinées par Ferdinand Porsche. Mais le rêve hitlérien ne se limite pas aux voitures et aux autoroutes. Peu à peu, à coups de bottes et de vitres cassées, la vie des Landauer vire au cauchemar. Un soir de 1938, une troupe casquée et armée jusqu'aux dents frappe à la porte du foyer. Par chance, personne n'est à la maison ce jour-là. Mais devant leur entrée défoncée et l'intérieur saccagé, la famille réalise qu'elle est passée à deux doigts de la catastrophe. Le temps de jeter pêle-mêle quelques affaires dans des baluchons de fortune et les Landauer quittent l'Allemagne le soir même.

Enfin, au bout du long voyage en bateau, il y a la statue de la Liberté. Rolf, qui a 11 ans à peine, respire pour la première fois à pleins poumons. Les parents s'installent dans un quartier calme de New York et le jeune garçon se découvre une passion pour les mathématiques. Bien préparé dans l'une des grandes écoles scientifiques de New York, il décroche à 23 ans à l'université de Harvard son doctorat de physique. Dès sa sortie de l'université, il est recruté par la NASA (à l'époque dénommée Comité consultatif national pour l'aéronautique).

Déjà à cette époque, le jeune physicien se pose une question que personne avant lui n'avait osé ni même imaginé formuler : quel lien peut-il exister entre l'énergie d'un côté et l'information de l'autre ? Pour la plupart de ses collègues, cette question était absurde. Mais pas pour Landauer. Il a lu avec délectation les articles de Ludwig Boltzmann tout comme ceux de Claude Shannon. Le premier parle d'énergie et le second d'information. Or, si ces deux chercheurs ont bien pressenti qu'il existait un lien profond entre ces deux domaines, ni l'un ni l'autre n'a vraiment cherché à le mettre en lumière. Et pourtant, Landauer est persuadé que l'énergie et l'information sont les deux faces d'une même réalité et que si l'on veut avoir une petite chance de trouver ce fameux « code » sur lequel repose le monde physique, c'est au cœur même de cette relation qu'il faudra le chercher.

*

Mais pour relever un tel défi, Landauer doit avoir les coudées franches et il se sent à l'étroit à la NASA. Il lui faut autre chose. Ainsi dès 1952, à 25 ans à peine, il débarque dans le plus grand sanctuaire des sciences de l'information : la firme IBM. Il y restera plus de quarante ans, se fixant pour tâche de comprendre un phénomène auquel personne n'avait réfléchi jusqu'alors : que veut dire effacer *définitivement* – c'est-à-dire sans retour possible – un bit d'information ? Par quoi se traduit un tel effacement ? Au fil des années, Landauer va tourner du matin au soir autour de cette interrogation. Même la nuit, lorsqu'il refuse de se coucher, de peur de laisser échapper une idée. Et, un beau jour de 1961, c'est enfin la sortie du brouillard. Il en résulte un article fracassant, dans lequel apparaît pour la première fois le fameux principe qui porte son nom : le principe de Landauer !

Que nous dit ce principe ?

Que lorsqu'un bit d'information est irréversiblement effacé dans un système, alors l'entropie – le désordre – de ce système augmente inévitablement. Ce phénomène se traduit donc nécessairement par un dégagement d'énergie sous forme de chaleur ! Cette fois, la connexion entre énergie et information est enfin mise au jour de manière spectaculaire, à travers une formule dans laquelle on retrouve une fois de plus la mystérieuse constante de Boltzmann. Bien sûr, nombre des collègues de Landauer n'ont pas manqué de se demander si ce fameux « principe » n'était pas une pure vue de l'esprit. Jusqu'à cette expérience spectaculaire, réalisée par une équipe de l'École normale supérieure de Lyon, en collaboration avec des physiciens de l'université d'Augsbourg qui a apporté la preuve expérimentale – irréfutable – que le principe de Landauer dit vrai. Que tout dégagement d'énergie se traduit quelque part ailleurs par l'effacement irréversible d'une certaine quantité d'information.

*

La boucle ouverte par Boltzman et Shannon est donc bouclée. Et de quelle manière ! Pour certains, le principe de Landauer est l'une des découvertes les plus importantes du début du XXIe siècle. Et toujours est-il qu'il débouche sur une conséquence saisissante.

De quoi s'agit-il ?

De la première réponse possible à l'une des deux grandes questions que nous nous sommes posées : d'où vient l'énergie colossale qui, soudain, se déverse dans le vide primordial il y a 13 milliards 820 millions d'années ? Et quelle est la source de cette explosion titanesque dont nous entendons encore aujourd'hui l'écho au fond du ciel ?

Comme nous l'avons vu, la plupart des chercheurs considèrent aujourd'hui qu'au tout début du Big Bang – c'est-à-dire à l'instant de Planck –, le cosmos doit être considéré comme un système en équilibre thermodynamique. Dans ce cas, selon le principe de Landauer (qui trouve ici une application tout à fait naturelle), il est plausible de considérer que cette formidable température du commencement – 100 000 milliards de milliards de milliards de degrés – qui s'est déchaînée à l'instant du Big Bang pourrait résulter de l'effacement irréversible – ou plus exactement de la conversion – d'une « information » initiale qui, peut-être, a existé avant le Big Bang. Ce passage est donc désormais ouvert entre matière et information, à tel point que Landauer s'est exclamé un beau jour, face au tableau noir : *« L'information est physique ! »*

Indice encourageant, les calculs simples que nous avons poussés nous ont menés vers cette conclusion pour le moins surprenante : pour produire l'énergie de Planck (c'est l'énergie dégagée au moment du Big Bang), il faut « effacer » une quantité d'information de l'ordre de 10 puissance 120 bits ! Or, ce même chiffre a été mis en évidence par plusieurs physiciens (mais par des voies tout à fait différentes) et correspond justement, selon eux, à la quantité d'information nécessaire pour engendrer l'Univers tout entier depuis son origine !

Qu'en est-il en réalité ? L'énergie du Big Bang pourrait-elle vraiment correspondre à l'effacement d'une telle quantité d'information qui aurait existé avant même le Big Bang ?

Pour en savoir plus, nous allons à présent nous tourner vers un nouveau chercheur. Il est américain et a régné sur d'immenses territoires en physique. C'est ce géant de la physique qui, entre autres, a inventé dans les années 60 le mot « trou noir » pour désigner ces mystérieux tourbillons gravitationnels qui résultent de l'effondrement catastrophique d'une étoile sur elle-même. Nous allons donc faire un pas de plus vers le mystérieux « code » qui, peut-être, existait avant que l'Univers lui-même émerge du néant.

Soyez ouverts, car ce que vous allez découvrir dépasse tout ce à quoi vous pourriez vous attendre...

12

It from bit

Jacksonville en Floride, au début du XXe siècle. Dans les rues bordées de maisons en bois, on croise encore des tricycles à vapeur et même des diligences qui sillonnent à grand bruit la Floride, tirées par des chevaux fumants. Nous sommes en 1920 et souvent, après l'école, le petit John Wheeler vient se reposer dans la librairie de ses parents, Joseph Lewis et Mabel Archie Wheeler. Une fois blotti derrière un rayon, il chaparde un livre (de préférence portant sur des questions de physique) et se perd pour des heures au milieu des pages.

Encouragé par son père qui lui fait répéter chaque soir ses leçons, Johnny devient très vite incollable en mathématiques et en physique. Ses professeurs lui posent souvent des questions très difficiles, nettement au-dessus de sa classe. Mais pour Wheeler, pas de problème ! C'est avec fierté qu'il répond à toute vitesse à ses interlocuteurs qui n'ont jamais le dernier mot. D'ailleurs, Wheeler aime avancer au pas de course : il publie son premier article scientifique à 19 ans et passe haut la main sa thèse de doctorat à peine trois ans plus tard.

Les choses sérieuses vont pouvoir commencer.

*

Nous avons eu la joie de recevoir une lettre de lui, alors qu'il avait passé le cap des 95 ans. De quoi nous avait-il alors parlé, avec des mots qui se frayaient tout droit un chemin vers le mystère suprême ? De l'*information* ! En somme, quelque chose d'immatériel, à l'origine, selon lui, de tout ce qui existe. Pourtant, dans ses jeunes années, il avait commencé par être un physicien pur et dur. Première étape : le bureau d'Einstein à Princeton en 1934. Il y retournera en 1937, pour y rencontrer, entre autres, Kurt Gödel, découvreur du célèbre théorème d'incomplétude, ce chef-d'œuvre mathématique à grande portée dont nous avons déjà parlé. À cette époque, Gödel s'est d'ailleurs lancé dans un extraordinaire travail de logique pure, avec pour but de démontrer mathématiquement la justesse de l'argument ontologique déployé au Moyen Âge par saint Anselme en faveur de l'existence de Dieu.

Tout en se dégourdissant chaque jour les jambes dans le parc de Princeton en compagnie du mythique père de la relativité et parfois de Gödel, Wheeler passe des heures à discuter des grandes questions touchant à l'Univers. À ce qui a causé son existence. Et souvent, les mots finissent par tomber sur Dieu, qui tracasse le maître plus qu'il ne veut le dire. Ici, soyons attentifs : Wheeler en est alors à sa première étape de compréhension de la réalité. Pour lui, dans ces années-là, tout est encore matière et particules. Dieu a beau surgir parfois au détour d'une discussion, il est encore loin d'être au centre des idées de Wheeler.

Pourtant, en septembre 1934, le jeune physicien aborde un premier virage. Sans crier gare, voilà qu'il plonge tête la première au royaume des atomes, dans le laboratoire de Niels Bohr, l'un des fondateurs de cette mystérieuse mécanique de l'infiniment petit – la fameuse « mécanique quantique » – qui effraie et fascine à la fois ceux qui osent s'en approcher. Six ans plus tôt, un autre géant de la physique a occupé ce même laboratoire hérissé d'appareils en tous genres, le Russe George Gamow, découvreur des lois qui ont permis au four cosmique, durant les trois premières minutes de vie de l'Univers, de fabriquer 98 % de la masse matérielle de tout ce qui existe.

Ces lois qui sont à l'origine de ce qu'on appelle aujourd'hui le Big Bang chaud. Elles étaient déjà là à l'aube des temps. Mais d'où viennent-elles ? Wheeler a beau retourner cette question dans sa tête, rien à faire : la réponse ne vient pas. Du moins pas encore. Profitant alors du calme régnant à Copenhague sous un mètre de neige, il se rabat sur quelque chose de palpable et se lance à corps perdu dans l'étude des phénomènes (à l'époque largement inconnus) entourant la fusion nucléaire. Fort de ses trouvailles, il est appelé à Los Alamos dans les années 50 pour travailler sur la mise au point des premières bombes à hydrogène. Au passage, c'est lui qui a attrapé au vol en 1965 le mot « trou noir » et qui l'a popularisé. Il a d'ailleurs inventé tout un tas d'autres appellations géniales, comme par exemple « trou de ver » ou encore « mousse quantique ».

Tout ceci représente la deuxième époque de la vie de Wheeler, pour lequel désormais « tout est champ ». Un champ est déjà moins concret que la matière. Mais est-ce tout ? En fait non. À partir des années 70, Wheeler est de plus en plus intrigué par les idées de Wiener et de son élève Shannon. En lisant et relisant leurs articles et les comptes rendus de leurs conférences, il en vient lui aussi à penser que la réalité ultime, celle qu'on ne peut pas voir ni toucher mais sur laquelle repose notre Univers, *n'est pas matérielle*. Que les objets solides qui nous entourent – la chaise sur laquelle vous êtes assis, le livre que vous tenez entre les mains, l'air que vous respirez – ne sont, au fond, qu'un nuage impalpable d'informations. Et que c'est cette information fondamentale qui code notre réalité physique.

Toutes ces idées vont se préciser au fil des années et provoquer une véritable révolution dans l'existence du grand physicien. L'hypothèse directrice derrière cette troisième période a été stimulée par ces questions lancinantes : « Comment se fait-il que les choses existent ? Pourquoi y a-t-il quelque chose plutôt que rien ? » Et la réponse, publiée pour la première fois dans un article brillamment écrit (et profondément inspiré par les travaux de Shannon), tombe en 1989 : tout est information ! Voici ce que Wheeler écrit dans son célébrissime article « It from Bit » :

« Tout ce qui existe – chaque particule, chaque champ de force, l'espace-temps lui-même – tire sa fonction, son sens, son existence même des réponses apportées aux jeux de questions "oui ou non" représentant des choix binaires. Des bits ! "It from bit" symbolise l'idée que chaque élément du monde physique a au fond – tout au fond –, dans les grandes profondeurs la plupart du temps, une source immatérielle, ainsi qu'une explication.

Ce que nous appelons la réalité résulte, en dernière analyse, des réponses apportées aux questions "oui ou non". En bref, toutes les choses physiques trouvent leur origine dans l'information. »

*

Mais une nouvelle question rôde déjà dans la tête de Wheeler : comment avoir un indice que tout cela est vrai ? Que des bits d'information se trouvent bel et bien enfouis dans les grandes profondeurs de la matière ? Pour en être certain, il faudrait identifier une formule générale, qui rende compte de ce « codage ». Mais laquelle ?

John Wheeler est au bord de la réponse. Mais il lui manque quelque chose. Pourtant, il est passé tout près de la solution au cours de ses longues soirées de travail avec ce maître à penser qu'il admire tant, le grand mathématicien Hermann Weyl – encore un enfant de Göttingen. Weyl a soutenu sa thèse en 1909 deux ans avant la naissance de Wheeler, sous la double direction de deux légendes, Hilbert et Minkowski (l'ancien professeur de mathématiques d'Einstein et père du mot lumineux « espace-temps »). Dans un hommage dont il faut lire et relire chaque ligne tant elles sont belles, Wheeler a restitué une vérité lumineuse autour de celui dont il dit :

« Hermann Weyl a été – est – pour beaucoup d'entre nous, et pour moi, un ami, un professeur et un héros[1]. »

Or, Weyl s'est intéressé de très près à la fameuse fonction zêta de Riemann, celle qui nous avait inexplicablement troublés dans notre adolescence. Il a eu à ce sujet d'innombrables discussions avec Hilbert dans les sous-bois de Göttingen. Pour lui, elle représente une inépuisable source d'émerveillement. Mais aussi de découvertes à propos de ce qu'on est tenté d'appeler avec lui « la face cachée de l'Univers ».

*

Un soir de 1948 – l'année où Shannon a publié son fameux article fondant la théorie de l'information – Weyl, depuis longtemps professeur à l'Institut des études avancées de Princeton, tombe sur Wheeler et l'invite à dîner. Et voilà qu'au café, ses souvenirs se mettent doucement à dériver autour des idées de son ancien directeur de thèse, le visionnaire mathématicien au chapeau, David Hilbert. Entre deux tours de cuillère au fond de sa tasse, Weyl se demande à voix

1. John Archibald Wheeler, « Hermann Weyl and the Unity of Knowledge », *American Scientist*, vol. 74, 1986.

basse, à moitié pour lui-même à moitié pour Wheeler, si Hilbert avait raison lorsqu'il affirmait qu'il existait une relation profonde entre les solutions de la fonction zêta de Riemann et les niveaux d'énergie au cœur de la matière.

Un long silence. Et tout à coup, l'œil bleu de Weyl se fixe droit sur Wheeler, porté par cette question très inhabituelle : « Les nombres font-ils la loi dans la matière ? »

À cet instant, ni Weyl ni Wheeler ne savent qu'une réponse retentissante va être apportée au même endroit, à Princeton, en 1972, et bouleverser le monde. Nous y viendrons. En attendant, l'interrogation à mi-voix de Weyl a pétrifié Wheeler sur sa chaise. Et c'est cette même interrogation qui, depuis le début des années 90, refait surface dans notre recherche de la cause première de tout ce qui existe. Or, sur cette frontière surgit la toute dernière question : de quoi est donc faite cette information primordiale ? Et surtout, d'où vient-elle ?

Pour en savoir plus, nous allons commencer par répondre à cette question, posée pour la toute première fois en 1948 : *qu'est-ce que l'information ?*

13

Les cinq solides de Platon

Qu'est-ce qui caractérise une information ? Deux choses. En premier, comme on l'a vu, sa nature immatérielle. Par exemple, le livre que vous tenez entre les mains est fait de papier. En revanche, ce que vous y lisez – l'information qu'il transporte – est totalement immatériel. Mais ce n'est pas tout. Une information est totalement indépendante du temps. Par exemple, l'information 2 + 2 = 4 est vraie le matin mais aussi le soir et n'a aucun risque de changer avec le temps. En bref, l'information n'existe pas dans le temps réel. Mais alors dans quoi existe-t-elle ? Selon nous – et nous ne prenons pas un grand risque à avancer cette hypothèse toute naturelle –, dans ce que les mathématiciens appellent *le temps imaginaire*. De quoi s'agit-il ? Tout simplement (comme nous l'expliquerons plus loin) d'un temps mesuré par des nombres imaginaires, c'est-à-dire des nombres dont le carré est toujours négatif (à la différence des nombres réels dont le carré est toujours positif). Si vous acceptez de nous suivre dans cette hypothèse, vous conclurez facilement avec nous que la source de l'information sur laquelle repose notre Univers ne se trouve pas dans notre espace-temps mais *ailleurs*. Plus précisément, à une échelle de l'évolution où le temps réel n'existait pas encore mais était précédé par un temps imaginaire pur. En somme, notre hypothèse se trouve renforcée par l'idée qui suit : puisque l'information sur laquelle repose l'Univers est indépendante du temps, alors sa source se trouve nécessairement à une échelle où le temps n'existe pas encore, c'est-à-dire *avant le Big Bang* !

Précisons un peu les choses. À quoi ressemble cette « époque » avant le Big Bang ? En fait, cette question revient à décrire le pré-Univers au voisinage de la singularité initiale (c'est-à-dire autour de l'échelle zéro) de l'espace-temps. À cette échelle-là, le temps réel n'existe pas encore et est donc précédé par une direction primitive qui a disparu depuis très longtemps, celle du temps imaginaire. L'Univers primitif d'avant le Big Bang est donc un pur espace à 4 dimensions spatiales que l'on dit être « euclidien ».

À ce stade surgissent deux questions, que vous vous posez à coup sûr. Tout d'abord, est-ce que ce fameux temps imaginaire a une chance d'exister ? S'agit-il d'autre chose que d'une chimère agitée par les mathématiciens ? Sans doute serez-vous étonnés d'apprendre que la réponse est oui ! Autrement dit, le temps imaginaire n'est pas une pure abstraction inventée par les théoriciens mais a une véritable existence physique. Car voici l'extraordinaire nouvelle : pour la première fois, une équipe d'expérimentateurs allemands, australiens et anglais vient de réaliser une fantastique prouesse en prouvant que cet étrange phénomène qu'on appelle « l'effet tunnel » ne se déroule pas dans notre bon vieux temps de tous les jours mais dans un temps complètement autre, sans durée : le temps imaginaire. Ici, un bref zoom sur l'effet tunnel. Celui-ci décrit comment une particule matérielle, contre toute logique, parvient à franchir une barrière a priori infranchissable. Par quel miracle ? Tout simplement en empruntant ce que les physiciens appellent un « tunnel » traversant la barrière. Or, là où la chose devient fascinante, c'est que les expérimentateurs mentionnés plus haut viennent de prouver à l'aide d'appareils fantastiquement précis que face à une barrière d'énergie, une particule matérielle franchit cet obstacle non pas en un temps très bref mais *instantanément*, autrement dit : en un temps *imaginaire* ! Pour nous en convaincre, prenons plutôt connaissance du commentaire d'Anatoli Kheifets, de l'Australian national University, l'un des auteurs de l'article publié sur arXiv[1] : « On avait toutes les raisons expérimentales de penser que le temps mis par un électron pour échapper d'un atome par effet tunnel était significatif. Mais les équations nous disaient que le temps associé à ce processus était imaginaire, c'est-à-dire un nombre complexe, et nous avons réalisé que cela signifiait que le processus était instantané. »[2]

Le 13 mars 2019, nous nous sommes rendus dans le centre de recherche du professeur Nicolas Gisin, au sein de l'Université de Genève. Nous y avons découvert des laboratoires hérissés de machines, de bobinages et d'appareils électromécaniques plus étranges les uns que les autres. L'objectif ? Réaliser des expérimentations de « téléportation quantique ». Or, encore une fois, lorsqu'elle est « téléportée » d'un point à un autre (le laboratoire que nous avons visité détient le record de téléportation, avec plus de 400 kms) la particule quitte l'espace-temps et franchit instantanément la distance séparant les deux points. Par où passe-t-elle ? Selon nous, par une sorte de « raccourci » qui ne peut exister

1. ArXiv 1402.5620
2. https://www.futura-sciences.com/sciences/actualites/effet-tunnel-enigme-quantique-effet-tunnel-ete-resolue-58417/

que dans le temps imaginaire ! Et là encore, il s'agit d'une saisissante preuve expérimentale de l'existence, au-delà de la quatrième dimension, d'une *cinquième dimension*. Cette dimension impalpable, incroyablement difficile à cerner, qu'est le temps imaginaire.

À ce stade, vous vous posez peut-être une nouvelle question plutôt intrigante : est-ce que, d'une manière ou d'une autre, le temps imaginaire qui a existé avant le Big Bang a pu laisser une trace chez nous, dans notre réalité de tous les jours ? Et où donc chercher une telle trace ? Peut-être bien du côté de cinq objets très étranges à trois dimensions, et qui depuis l'Antiquité fascinent les mathématiciens : les « solides platoniciens ».

*

Qu'est-ce qu'un « solide de Platon » ? Tout simplement un polygone régulier convexe dont les faces, les arêtes et les sommets sont tous *identiques*. Il s'agit donc d'un volume dont la forme est particulière. Or, ce qui est étonnant, c'est qu'il n'existe en tout et pour tout que cinq solides de Platon, pas un de plus et pas un de moins : le tétraèdre (le plus simple, avec ses 4 faces triangulaires), le cube (6 faces), l'octaèdre (composé de huit faces dont chacune est un triangle équilatéral), le dodécaèdre (12 faces pentagonales) et enfin l'icosaèdre (20 faces triangulaires). Au-delà, on aura beau multiplier le nombre de faces, il est impossible d'obtenir ne serait-ce qu'un seul solide platonicien de plus. On retrouve nos cinq solides à trois dimensions un peu partout dans la nature. Or, il nous faut ici relever quelque chose de proprement étonnant : ces cinq polygones représentent les seuls pavages réguliers possibles de la sphère par projection sur sa surface.

Faisons ici une petite halte sur un point capital, qui va vous permettre de mieux comprendre pourquoi les solides platoniciens, au lieu d'être en nombre infini, ne sont que cinq. En effet, voilà qu'en 1752, un mathématicien génial (que nous rencontrerons au chapitre suivant) découvre un nombre intéressant caractérisant les polygones réguliers : il s'agit du nombre de faces plus le nombre de sommets moins le nombre d'arêtes d'un polygone ($F + S - A$). Ce nombre s'appelle tout simplement la « caractéristique d'Euler ». Après un rapide calcul, nous constatons que les solides platoniciens ont tous *la même caractéristique d'Euler* qui est 2. Or, là où tout cela devient passionnant, c'est que la sphère a également 2 pour caractéristique d'Euler, d'où la raison pour laquelle nos cinq solides peuvent paver régulièrement la sphère. Au passage, remarquons que 2 est le premier des nombres premiers et le seul et unique nombre premier pair. Par ailleurs, sans entrer dans les détails, relevons ici que les cinq premiers nombres premiers 2, 3, 5, 7 et 11 jouent un rôle dans la structure des cinq solides platoniciens. Ceci a de fascinantes conséquences concernant la structure de l'espace qui, avant le Big Bang, précède peut-être l'espace-temps.

Mais allons plus loin. Voici quelque chose d'encore plus extraordinaire : il existe dans l'espace à quatre dimensions (dont le temps est imaginaire) l'équivalent des cinq solides platoniciens. Par exemple, dans l'espace à quatre dimensions, le cube se transforme en un hypercube (ou « tesseract ») tandis que le tétraèdre devient un « pentachore ». Et c'est ici qu'arrive l'incroyable : de même que les cinq solides à trois dimensions sont les seuls polyèdres capables de paver de manière régulière la sphère à deux dimensions, à leur tour, chacun des cinq « hyper-solides » à quatre dimensions sont les seuls à pouvoir se projeter par pavage sur la surface à trois dimensions de la sphère S3.

Il existe deux conclusions à ce qui vient d'être énoncé, aussi fascinantes l'une que l'autre. D'une part, dans la mesure où un solide platonicien ne peut paver de manière régulière et finie qu'une sphère, cela signifie donc que l'espace à trois dimensions dans lequel nous vivons est nécessairement la surface d'une sphère à trois dimensions. Autrement dit, notre espace ordinaire à trois dimensions n'est pas plat (contrairement à ce qu'on affirme trop souvent) mais est très légèrement courbé et a la forme d'une sphère. De ce point de vue, les cinq solides de Platon peuvent donc être vus comme l'image fantomatique dans notre monde, la projection des « hyper-solides » existant en quatre dimensions dans l'espace à temps imaginaire de la singularité initiale. Au passage, cela nous fournit également une sorte de « preuve » que le fameux espace quadridimensionnel « euclidien » dont le temps est imaginaire pur et qui, selon nous, existait avant le Big Bang, est bel et bien une réalité !

Réfléchissons aux extraordinaires conséquences de tout ceci : est-ce que les dés que vous tenez parfois au creux de votre main ne seraient pas les reflets fantomatiques, les traces dans notre monde de l'avant-Big Bang ? Et serait-ce une autre manière de donner raison à Einstein lorsque celui-ci a lancé en 1927 à Niels Bohr, sous les voûtes de l'hôtel Métropole à Bruxelles : *« Dieu ne joue pas aux dés »* ?

Quoi qu'il en soit, ces hyper-solides platoniciens existent bel et bien dans l'espace euclidien à quatre dimensions – et donc en temps imaginaire – que les mathématiciens appellent R4 (alors que nous vivons dans l'espace-temps R3,1, *trois* dimensions d'espace et *une* dimension de temps). Ces hyper-solides, qui font partie de l'information primordiale existant avant le Big Bang, débouchent sur une nouvelle question : de quoi donc est composée cette information initiale ?

Une première bribe de réponse se trouve quelque part enfouie dans le passé, au beau milieu du XVIIIe siècle. Nous allons y retrouver cette mystérieuse fonction qui nous avait tellement fascinés quand nous avions 15 ans. Là-bas, nous attend une surprise renversante. Quelque chose qui va vous permettre – pour la première fois peut-être – de penser comme possible l'existence de ce que nous appelons depuis le début des années 2000 la « cause initiale ». Jusqu'ici nous avons tourné autour. Mais sommes-nous – êtes-vous – pour autant convaincus que cette cause est plus qu'une fragile hypothèse ? Pas vraiment. Certes, nous avons fait l'inventaire des indices en faveur de « l'hypothèse Dieu ». Mais ce n'est pas suffisant. Désormais, il nous faut faire un pas de plus. Tenir quelque chose de solide entre les mains. Quelque chose comme un début de preuve.

En route pour l'année 1735, où va commencer la deuxième partie de notre enquête…

14

Le redoutable problème de Bâle

Nous voici au fond du golfe de Finlande, à Saint-Pétersbourg. C'est l'été. Il a fait chaud toute la journée et les ombres retombent derrière les buissons en îlots de fraîcheur. Adossé à un tronc d'arbre, pieds nus dans l'herbe, un jeune homme de 28 ans griffonne depuis des heures des suites de nombres sur son petit carnet. S'en doute-t-il ? En cette lointaine année 1735, loin de chez lui – il est né à Bâle –, ce jeune inconnu s'apprête à faire une découverte capitale et nous mettre sur la piste de ce que nous cherchons ensemble dans ce livre. Quelque chose d'inimaginable. Comme la trace d'un ordre mystérieux enfoui dans les profondeurs de notre Univers.

Leonhard Euler !

Ce nom vous est inconnu ? Mettez-le dans un coin de votre mémoire. Car ce qui ne vous est pas inconnu, c'est le symbole $f(x)$ qu'il a inventé pour désigner les fonctions et que vous avez bien sûr utilisé sur les bancs du lycée.

Ce jeune génie a fait son entrée à l'université de Bâle à tout juste 13 ans pour y étudier en journée la philosophie et à l'heure du thé les mathématiques sous la houlette de Johann Bernoulli, digne représentant de l'illustre dynastie de mathématiciens et physiciens suisses du même nom. Pas plus haut que trois pommes, il parle déjà couramment l'allemand, le français, l'anglais et le russe, à quoi, pour faire bonne mesure, il s'est empressé d'ajouter le grec, le latin et l'hébreu. Est-ce étonnant ? Sa mémoire phénoménale lui permet de retenir en quelques instants tout ce qu'il lit sur une page, sans la moindre erreur.

Or, depuis quelque temps, une chose le tracasse. Et va le mettre lentement sur la piste du plus profond mystère de tous les temps. À première vue, il s'agit d'une question toute bête : quelle est la somme de l'inverse des carrés des nombres entiers ? Pour la centième fois, Euler hausse les épaules. Car il le sait depuis toujours, rien de plus facile que de calculer la somme des inverses des bons vieux nombres entiers :

$$1 + 1/2 + 1/3 + 1/4 + 1/5, \text{ etc.}$$

Ici, réfléchissons un instant. Au premier coup d'œil, puisqu'on ajoute un nombre qui devient à chaque fois plus petit (jusqu'à devenir infime quand on s'enfonce vers l'infini), on pourrait croire que cette suite converge vers une valeur finie. Mais il n'en est rien. En réalité, cette suite grandit à un rythme incroyablement lent – de plus en plus lentement – mais parvient malgré tout à se traîner jusqu'à l'infini ! Or, ici surgit cette nouvelle question que se pose Euler : que se passe-t-il si l'on prend non pas des nombres entiers mais *le carré* de ces nombres ? Est-ce que la somme des inverses des carrés des nombres entiers se jette *elle aussi* dans l'infini ? Depuis près d'un siècle – 91 ans exactement –, malgré les piles de papiers qui se sont entassées un peu partout sur les bureaux, personne – pas même les plus grands mathématiciens du monde – n'est parvenu à trouver la réponse. Cette suite infernale, connue aujourd'hui sous le nom de « problème de Bâle », résiste à tous les assauts et reste verrouillée à double tour !

C'est là que, tout en sifflotant un air de Bach qu'il adore, Euler entre à son tour dans l'arène. Et commence à réfléchir. Puis à calculer.

Mais le temps passe…

Et arrive le terrible hiver russe. Plus glacial que jamais cette année-là. Barricadé dans son minuscule bureau sous les toits, la mâchoire verrouillée par le froid, le jeune prodige calcule. Mais il a beau s'acharner sur ses équations, il fait du surplace. Rabougri contre le poêle à bois de son bureau, oubliant de manger, de dormir – et même de penser normalement –, Euler s'est jeté dans cette satanée suite comme dans une eau miraculeuse, aiguillonné par le vague espoir de soulager ses doigts gelés et son front glacé. Mais il lui manque encore quelque chose. Quoi donc ?

Une clef !

Comme allégé par sa maigreur, le jeune Suisse jaillit soudain de son fauteuil. Après une nuit aussi blanche que la neige qui s'accumule sur le bord de sa fenêtre, une idée traverse sans crier gare son esprit surchauffé. Et si... et si, à la différence de la fameuse somme de l'inverse des nombres entiers, cette suite aussi dure que du granit n'allait pas en croissant jusqu'à l'infini ? Si au contraire cette interminable addition *convergeait*, pour tomber tout au bout du bout sur une valeur *finie* ?

Euler secoue la tête. Ce serait trop incroyable. Pourtant, ne serait-ce pas là que pourrait se cacher la fameuse clef ? Sans même lui laisser le temps de reprendre son souffle, voilà qu'une nouvelle idée

– cette fois carrément folle – le fait retomber tout net sur le cuir usé de son siège. Le jeune homme a beaucoup travaillé sur la plus étrange de toutes les constantes de l'Univers, le nombre π. C'est d'ailleurs lui qui a largement contribué à populariser la lettre grecque servant à représenter ce nombre. Alors pourquoi la plus récalcitrante des suites ne serait-elle pas, d'une manière ou d'une autre, reliée au plus mystérieux des nombres ? Pourquoi π ne serait-il pas la fameuse clef permettant de résoudre le redoutable problème de Bâle ?

D'un bloc, sans prendre le temps de réfléchir, Euler se relance dans les calculs. Il n'en ressortira que trois jours et trois nuits plus tard, à moitié mort de froid et de fatigue. Mais le résultat est là, net, incontestable au bout des équations. La somme 1 + 1/4 + 1/9 + 1/16, etc., converge tout bonnement comme une flèche vers… π au carré divisé par 6.

Le choc est énorme. Notre homme a beau se frotter les yeux, il n'arrive pas à y croire. Comment est-ce possible ? Que diable vient faire le nombre π dans toute cette histoire ? Serait-ce, comme il l'a écrit bien plus tard en forme de pirouette malicieuse, un message secret griffonné par… *Dieu lui-même* ?

*

Marquons ici une halte. Nous l'avons vu, π est de loin la constante la plus étrange de tout l'Univers. D'où vient-elle ? Personne ne le sait. Elle contrôle avec une infinie précision la forme la plus parfaite qui soit, le cercle. Mais pourquoi a-t-elle la valeur qu'elle a et pas une autre ? Mystère. La valeur de π est implacablement réglée, décimale après décimale, jusqu'à l'infini, sans laisser la moindre place au hasard. Par quel prodige ? En guise de rappel à l'ordre, le physicien théoricien Paul Davies aime à rappeler que faute de mieux, il nous faut admettre que la source de ce nombre se trouve quelque part « à l'extérieur de notre Univers ». Hors de l'espace-temps. Et c'est sans doute ce qui a bouleversé Euler : π vient des brumes de l'inconnu et restera à jamais inconnaissable puisque même en calculant sans jamais s'arrêter, les décimales de ce flot numérique sans fin continueront à s'égrener pour l'éternité, tombant l'une après l'autre dans un gouffre sans fond. Comment ne pas être halluciné à l'idée qu'à des centaines de milliards de milliards de milliards de décimales après la virgule, il existe, *en ce moment même*, une décimale enfouie dans les ténèbres de π, un chiffre qui est bel et bien là, mais que nous n'atteindrons jamais ? Et pourtant, ce nombre a beau terrifier notre raison, on le retrouve partout. Un exemple ? Imaginons une rivière qui coule tranquillement en pente douce. La théorie prédit qu'avec le temps, la longueur réelle de la rivière divisée par la distance en ligne droite entre sa source et sa fin tendra inéluctablement vers... π ! Comment est-ce possible ? Personne ne peut donner la moindre réponse. Non seulement π est l'un des nombres purs sur lesquels repose l'Univers mais, encore une fois, son origine nous est et nous restera à jamais inconnue. À tout le moins, elle nous renvoie vers quelque chose de transcendant. Quelque chose qui a à voir avec la cause ultime de tout ce qui existe. Vous. La Terre. Notre galaxie. L'Univers tout entier.

Qu'est-ce que tout cela veut dire ?

Que la formule proposée en cet été 1735 par Euler a quelque chose à voir avec les fondations mêmes de l'Univers. Nous touchons ici la trace d'une inscription brûlante mais indéchiffrable. Comme un fragment du secret que nous cherchons dans ce livre.

Mais essayons un instant d'y voir un peu plus clair à travers cette question surgie de nulle part : y aurait-il un lien entre π et... les nombres premiers ? La réponse est oui ! Et une fois de plus, c'est le génial Euler qui a trouvé la réponse. En effet, revenons à sa fameuse formule et développons-la. Celle-ci s'écrit tout simplement :

$$\pi^2 = 6 \times \frac{1}{1-\frac{1}{\mathbf{2}^2}} \times \frac{1}{1-\frac{1}{\mathbf{3}^2}} \times \frac{1}{1-\frac{1}{\mathbf{5}^2}} \times \frac{1}{1-\frac{1}{\mathbf{7}^2}} \times \frac{1}{1-\frac{1}{\mathbf{11}^2}} \times \frac{1}{1-\frac{1}{\mathbf{13}^2}} \times \frac{1}{1-\frac{1}{\mathbf{17}^2}} \times \text{etc.}$$

Vous remarquez les nombres en gras ? Ce sont *uniquement* des nombres premiers. Inouï ! Le nombre π, qui n'est pas un nombre entier et dont les décimales s'envolent vers l'infini, peut pourtant être défini de manière unique par tous – nous avons bien dit tous – les nombres premiers, de 2 à l'infini ! De quoi en tomber – une fois de plus – à la renverse. Lorsqu'il a découvert cette « divine relation » (ce sont ses propres mots), Euler s'est mis à danser sur place et à chanter à tue-tête. Car ceci signifie que ce nombre sur lequel repose la nature tout entière repose à son tour sur les nombres premiers (ce qui, au passage, indique une fois de plus que les décimales de π *ne peuvent pas* être distribuées au hasard). Tout à coup, une idée fulgurante crépite dans la tête du maître. Il le sait, π est également calculable par plusieurs formules indépendantes des nombres premiers (par exemple la magnifique suite altérnée découverte par Leibniz). Alors ? Au comble de l'excitation, le Mozart des mathématiques se mouche bruyamment, vide d'un trait un verre de schnaps et se jette sur son carnet de notes, taraudé par une question brûlante. Puisque les décimales de π ne se succèdent pas au hasard, est-ce que cela ne veut pas dire que les nombres premiers, eux non plus, ne surgissent pas n'importe comment ? Qu'une loi inconnue guide leur marche irréversible vers l'infini ? C'en sera trop pour ce jour-là. Euler se laisse retomber comme un chiffon sur son siège sans traquer plus avant la réponse.

*

En attendant, la nouvelle de son étonnante trouvaille se répand comme une traînée de poudre. Du jour au lendemain, le voilà célèbre, reçu dans toutes les cours d'Europe.

Mais notre prodige ne veut pas en rester là. Car il le sent, il le *sait*, il y a derrière cette formule explosive quelque chose qui va nous permettre de faire un nouveau pas vers cette cause mystérieuse, si troublante, qui se cache derrière le rideau matériel de notre univers.

15

La formule miracle

Treize ans ont passé depuis la troublante découverte d'Euler. Toujours à l'affût de quelque chose de croustillant, celui-ci marque dans son petit carnet de cuir rouge – celui où il griffonne ce qui lui tient à cœur – que l'année 1748 est bissextile et qu'elle commence bien (puisque le premier jour est un lundi). À cette époque où l'on prend grand soin de suivre le destin des familles régnantes dans la vieille Europe – et pensant à la future élève de sang royal qu'on lui a destinée –, il note également que cette année 1748 est celle où l'infant d'Espagne Don Felipe, fils du roi Philippe V d'Espagne et de la princesse Elisabeth Farnèse, obtient en apanage le duché de Parme, scellant la lignée des Bourbon-Parme (miraculeux méandres de l'histoire car Euler faisait ainsi allusion aux ancêtres lointains des enfants de l'un de nous deux).

Mais avant tout, l'année 1748 est celle où notre Mozart des mathématiques a pris une grande décision. Finis, le froid insupportable de la Russie et les doigts qui gèlent sur les plumes d'oie ! Désormais, le voilà installé à Berlin, dans les délices de la cour de Frédéric de Prusse. Le souverain ne tarit pas d'éloges pour son protégé, qu'il invite à tout bout de champ dans son merveilleux château baroque de Sans-Souci, espérant entendre le mathématicien énumérer autour d'une tasse de thé les bonnes raisons de croire en l'existence de Dieu.

Pour plaire à Sa Majesté et épater au passage les princes et ducs poudrés de blanc qui se bousculent autour de leur souverain, Euler récite dans le texte – en latin – des passages entiers de la Bible, sans jamais commettre la plus petite erreur. Sans jamais oublier le moindre mot. Il tient d'autant plus à ne pas trébucher qu'il y a dans l'assistance une jeune fille qu'il cherche particulièrement à éblouir, la princesse Elisabeth d'Anhalt, nièce de Frédéric II. Il a l'honneur d'être son professeur et la seule présence de ce minois si charmant le plonge dans un état de ravissement. Avec mille sourires ponctués de courbettes, il court devant elle d'exploits en exploits, déclame par cœur l'*Énéide* de Virgile, calcule de tête d'effroyables multiplications et finit par dessiner des sourires distingués parmi la noble assistance lorsqu'il imite – dans un russe parfait – les disputes entre le tsar de Russie et ses généraux.

Or, il vient, cette année-là, de faire une nouvelle découverte qui le laisse sans voix. Et qui va apporter de l'eau au moulin du roi de Prusse en quête de Dieu.

De quoi s'agit-il donc ? D'un nombre pur. Plus exactement d'une constante sans dimension (c'est-à-dire sans la moindre unité de mesure). Sa valeur est de 2,718281828..., avec une ribambelle de décimales qui se succèdent sans jamais s'arrêter. Il l'avait déjà découverte des années auparavant, mais un soir d'automne 1748, alors que le vent balaye la campagne, Euler trace fièrement, à la lueur pâle d'une lampe à pétrole, les 18 premières décimales de sa constante, le record du monde de l'époque ! En contemplant ces 18 décimales inscrites à l'encre bleue sur sa feuille de papier, le savant reste longtemps immobile (ce qui est rare chez lui). Comme il sait que ce nombre pur est à la base de ce qu'on appelle le calcul « exponentiel », il décide alors de lui donner un nom : ce sera la lettre *e*. Bien entendu, quelques méchantes langues mal pendues prétendent que *e* n'est autre que l'initiale de son nom (ou pire encore, la première lettre du prénom de la belle Elisabeth...). Mais Euler hausse les épaules et aujourd'hui, vous avez certainement griffonné ce symbole sur l'un de vos cahiers en terminale.

Or, lorsque nous sommes tombés dessus (à peu près au même moment que l'article de Riemann), la constante d'Euler nous a tout de suite fascinés. D'abord on la retrouve partout, surtout là où on l'attend le moins. Par exemple, c'est elle qui fait qu'il est impossible de plier plus de sept fois une feuille de papier (essayez, vous verrez bien…). C'est elle aussi qui « règle » l'expansion du trafic sur Internet ou la croissance d'un nénuphar sur un étang. Et c'est toujours ce nombre pur, sans dimension, que l'on retrouve dans la courbe d'un collier autour du cou ou dans la propagation de la radioactivité. Autre chose d'encore plus étonnant ? Dans une soirée où les convives jettent pêle-mêle leurs manteaux sur un lit, le nombre d'arrangements possibles de ces manteaux divisé par le nombre de personnes qui ne repartent pas avec le bon manteau est… la constante d'Euler !

Euler a fait ce petit calcul et s'éponge le front de surprise. Mais ce qui lui donne vraiment le vertige, c'est qu'au-delà des 18 chiffres après la virgule qu'il a calculés, les décimales de *e* se ruent vers l'infini sans jamais s'arrêter. À cet instant, il est bien loin de se douter qu'en août 2018, les mathématiciens parviendront à calculer 8 000 milliards de décimales de sa fameuse constante !

Tandis que le vieux chêne au-dessus de sa maisonnette craque de toutes ses branches sous la tempête, il ne peut s'empêcher de ressentir jusqu'au fond de lui-même que ce nombre vient d'un ailleurs insondable. Et lui, Euler, n'est pour rien dans ce nombre aussi pur qu'un diamant. Aussi parfait qu'une étoile. Un peu comme un archéologue qui déterre une relique enfouie sous le sable, il n'a fait que *découvrir* ces décimales une à une, au prix d'un immense effort. Notre prodige secoue alors la tête. Si « sa » constante était *déjà là*, depuis toujours, *d'où vient-elle* ? Qui – ou quoi – donc l'a écrite telle qu'elle est, jusqu'à l'infini, sans jamais commettre la moindre erreur ?

Euler n'a pas la réponse. Le plus bizarre dans tout ça, c'est que ce nombre enfoui dans les profondeurs de la matière résulte d'un calcul d'origine inconnue à partir de nombres entiers. Ce qui a fait dire à notre prodige, frappé par le mystère de cette constante : « *C'est un peu comme si la nature l'avait calculée.* » De fait, cet étonnant « calcul » est le suivant :

$e = 1 + 1/2 + 1/(2 \times 3) + 1/(2 \times 3 \times 4) + 1/(2 \times 3 \times 4 \times 5) + \ldots$, etc.

Un soir, alors qu'il donne un cours à la princesse Elisabeth de Prusse, jetant un coup d'œil furtif par-dessus son épaule, comme pour se garantir de ne pas être écouté par de mauvaises oreilles, le génial mathématicien laisse filer cette question : « *Le plus logique n'est-il pas de conclure que cette constante, dont la valeur n'est exacte qu'à l'infini, provient d'une source elle-même infinie ? Cette source infinie n'est-elle pas... Dieu lui-même ?* »

*

Euler en est là de ses réflexions lorsqu'un début de réponse troue les ténèbres et jaillit dans son esprit. Une formule aussi brève qu'un éclair, dans laquelle il va retrouver son étrange constante et qui va foudroyer sur place ceux qui la découvrent à leur tour.

De quoi s'agit-il ?

De ce que tout le monde voit comme « la plus belle équation de tous les temps ». Lorsqu'Euler l'a mise en lumière, il accuse le coup et lance : « *C'est le langage du créateur !* »

Le plus extraordinaire, c'est que 270 ans après Euler, les mathématiciens du monde entier restent encore de son avis. Ainsi, le philosophe et l'historien des sciences Robert P. Crease, détenteur de la chaire de philosophie de l'université Stony Brook et membre de la Société américaine de physique, n'hésite pas à dire à qui veut l'entendre : « *L'équation d'Euler plonge dans les profondeurs mêmes de l'existence.* » Mais que nous dit-elle, au juste ? Quelque chose de tellement déconcertant qu'il y a de quoi en tomber à la renverse : le nombre e élevé à la puissance $i.\pi$ plus 1 égale... zéro !

Une sorte de miracle ! Car cette improbable égalité relie d'un trait les cinq constantes les plus fondamentales de la nature : π, 1, 0, e et enfin le nombre imaginaire i (dont le carré est égal à -1). Mais il y a encore bien plus dans cette étrange identité.

En effet, celle-ci a une nature profondément *dynamique*. Elle décrit le comportement de phénomènes qui non seulement sont dynamiques (en fait sont en rotation et « tournent » autour de leur origine) mais qui plus est changent d'échelle et grandissent à chaque instant. En effet, e puissance $i.\ \pi$ est – à cause du nombre imaginaire i – équivalent à un nombre complexe, de la forme $a + ib$. Or (faites donc l'expérience) lorsqu'on multiplie deux nombres complexes, l'objet décrit dans le plan complexe subit non seulement une rotation mais, en plus, une dilatation. Autrement dit, il *grandit* !

C'est à ce stade que, récemment, nous avons applaudi Euler et sa merveilleuse identité. Pourquoi ? Tout simplement parce que dans nos thèses de doctorat et autres publications scientifiques, il apparaît qu'avant le Big Bang le temps tel que nous le connaissons n'existe pas encore et est précédé par un temps *complexe*, de la forme $t + it$. Or, l'on s'aperçoit immédiatement qu'en multipliant deux instants complexes (ce qui est naturel), on provoque une dilatation de l'espace à trois dimensions auquel est lié le temps complexe. Autrement dit, le seul fait que l'espace se dilate entre la longueur zéro (à l'instant zéro) et la longueur de Planck (à l'instant du Big Bang) prouve de manière spectaculaire que notre hypothèse d'un temps complexe avant le Big Bang est inséparable de l'expansion primitive qui a conduit l'Univers naissant à sa première échelle mesurée, c'est-à-dire l'échelle de Planck (0,00000000000000000000000000 0000001 cm).

*

Au XVIIIe siècle, on était encore loin de se douter que l'Univers avait une origine et que celle-ci impliquait qu'il soit en expansion depuis le commencement. N'empêche ! Cette formule presque « surnaturelle » donne à Euler l'espoir de déchiffrer ce qu'il appelle « l'écriture » de la nature : « *Bien que nous ne soyons pas autorisés à pénétrer dans les mystères intimes de la nature et à découvrir la véritable cause des phénomènes, il arrive parfois qu'une hypothèse particulière suffise à expliquer de nombreux phénomènes*[1]. » Serait-ce le cas pour la célèbre identité ? Des centaines de savants le croient dur comme fer. Parmi eux, Heinrich Hertz, le célèbre « père » des ondes hertziennes, n'a pas hésité à déclarer : « *L'on ne peut s'empêcher de penser que ces formules ont une existence indépendante et une "intelligence" qui leur est propre.* »

Mais le plus étonnant va venir à présent. Lors de la dernière étape de la longue ascension d'Euler vers l'infini des nombres, nous allons croiser de loin le mystérieux code qui circule sous la face cachée de l'Univers.

1. Leonhard Euler, *Introduction to Analysis of the Infinite*, trad. J. D. Blanton, Springer-Verlag, New York, 1988.

16

Vers un ordre invisible

Durant ce bel automne de 1748, Euler est plus en forme que jamais. Il vient de découvrir la plus belle équation du monde et désormais, il sait, il *sent* que rien ne peut lui résister. Aussi décide-t-il de retourner à ce redoutable problème qui lui a tant porté chance : le problème de Bâle (dont, vous vous en souvenez, il a trouvé la solution avec éclat).

Beaucoup de Berlinois sont encore en vacances et la ville est calme. Comme tous les jours, Euler a ouvert grand sa fenêtre et respire à pleins poumons l'air brassé par les odeurs de la campagne. Enfin, étalant sur son bureau une grande feuille couverte de calculs, il se laisse lentement glisser dans ses pensées. Vous vous en souvenez, la suite de nombres qu'il a en face de lui n'est autre que la somme des inverses des carrés des nombres entiers de 1 jusqu'à l'infini (1, 1/4, 1/9, 1/16, etc.). Mais alors, que se passe-t-il si, au lieu de prendre simplement les carrés des nombres entiers, on choisit une puissance quelconque ? Par exemple 3, ou encore 4 ou 5 ? Pour suivre le raisonnement d'Euler, remplaçons le petit 2 de l'exposant dans la suite des nombres par un nombre quelconque que nous allons appeler « s ». La somme ressemble alors à ceci :

$$1 + 1/2^S + 1/3^S + 1/4^S + 1/5^S..... + 1/n^S$$

Or cette suite, en apparence banale, est en réalité le premier « passe-partout » qui va nous permettre d'ouvrir un fond secret dans l'Univers. Pourquoi ? C'est ce que nous allons découvrir plus loin. En attendant, Euler sent bien que cette suite cache quelque chose de plus profond qu'elle n'en a l'air. Mais quoi ? Pour s = 2, la suite est égale à Pi au carré sur 6. Mais pour s = 4 ? Euler en tombe de sa chaise : la suite devient égale à Pi puissance 4 divisé par 90, soit :

$\frac{\pi^4}{90}$, ou encore 1, 082 323. C'est stupéfiant !

Euler s'enhardit alors. Que se passe-t-il pour s = 10 ? Le résultat devient de plus en plus sidérant : $\frac{\pi^{10}}{93555}$, ce qui nous donne 1,000 994 577. Encore plus bizarre, la fameuse suite ne retombe pas sur π lorsqu'on remplace s par 3, ou bien 5 ou 7, autrement dit par des nombres impairs. Mais alors par quelle diablerie retombe-t-on à chaque fois sur π lorsqu'on choisit des puissances paires ? En outre, Euler observe que plus les puissances augmentent, plus on s'approche de 1, symbole captivant de ce qui, dans le monde infini des nombres, est à la fois unique et unitaire.

Qu'est-ce que tout ça veut dire ?

Euler s'éponge le front. Puis fronce les sourcils. Il lui faut à tout prix débusquer le secret de cette formule si étrange. Sans rechigner, il se jette une nouvelle fois dans des calculs infernaux, casse des dizaines de crayons et jette des centaines de feuilles de papier au panier. Et enfin, un beau soir, il se laisse retomber sur le siège rembourré de son fauteuil de cuir : la solution est là !

En contemplant l'étrange égalité qu'il vient de découvrir, notre sémillant mathématicien secoue la tête. Avec un peu de chance, il pourra peut-être s'emparer d'un petit bout du mode d'emploi de l'Univers ! Qui sait ? Car sans qu'il s'y attende le moins du monde, il a trouvé une relation complètement folle entre sa fameuse fonction fétiche et… les nombres premiers !

*

Voyons tout ça de plus près. La formule miraculeuse du maître donne la quantité exacte de nombres premiers que l'on peut trouver entre 0 et n'importe quel autre nombre, aussi grand soit-il ! Regardez au-dessous : à gauche, on a une *somme* où l'on retrouve les nombres entiers, et à droite un *produit* impliquant les nombres premiers :

$$\frac{1}{1^s}+\frac{1}{2^s}+\frac{1}{3^s}+\frac{1}{4^s}+\frac{1}{5^s}+\frac{1}{6^s}\dots$$
$$=\frac{1}{1-\frac{1}{2^s}}\times\frac{1}{1-\frac{1}{3^s}}\times\frac{1}{1-\frac{1}{5^s}}\times\frac{1}{1-\frac{1}{7^s}}$$

Comment ne pas être abasourdi face à ce pont extravagant établi entre les entiers et les nombres premiers ? Pour que vous puissiez vous repérer, voici à présent le nom que lui a donné le génial Bernhard Riemann, prochain héros de la quête de l'origine des choses : la « fonction zêta » !

La fonction zêta…

Elle est considérée aujourd'hui comme la plus mystérieuse de toutes les formules jamais découvertes. Pourquoi ? Parce que l'ordre qu'elle révèle au sein des nombres premiers est le reflet visible de quelque chose d'invisible, une sorte d'« encodage » qui touche les fondations ultimes de la réalité dans laquelle nous vivons.

Mais d'où vient ce mystérieux encodage ? Faisons un saut d'un siècle...

17

Un été avec Riemann

Août 1859. Ce matin-là, le grand soleil d'été brille haut sur le parc de l'Académie des sciences de Berlin. Assis à l'ombre d'un chêne vert, l'un des plus grands mathématiciens de l'Histoire, fondateur de la célèbre géométrie qui porte son nom : Bernhard Riemann. C'est lui le héros de nos conversations ensoleillées sous le tilleul du château de Saint-Lary avec Pépé, l'incontournable répétiteur de notre enfance. C'est lui aussi l'auteur de l'article qui nous a tellement frappés, ce lointain soir d'orage au château. Et ce sont ses travaux qui nous ont permis d'entrevoir la véritable nature de ce qu'on appelle aujourd'hui la « singularité initiale » de l'espace-temps. Autrement dit, le point zéro marquant le début de l'espace et du temps.

*

Pourtant, les choses n'ont pas vraiment bien commencé pour Riemann. Né dans l'austère royaume de Hanovre en 1826, il a failli ne jamais devenir mathématicien. Pourquoi ? Parce que son père, Friedrich Bernhard, après avoir miraculeusement survécu aux grandes guerres napoléoniennes, est devenu un fervent pasteur luthérien. Bible et goupillon à la main, il sillonne dans les années 1830 le royaume de Hanovre à la recherche des brebis égarées. Infatigable prêcheur, il emmène souvent son fils avec lui et compte fermement en faire son digne successeur, même s'il est difficile d'arracher trois mots à ce garçonnet timide et renfermé.

Au lycée, Bernhard étudie donc intensément la Bible du matin au soir, épluchant mot à mot – en allemand et en latin – les Saintes Écritures. Bientôt, il connaît tout par cœur et lorsque son père, admiratif, choisit un passage, il est capable de le lui réciter sans la moindre hésitation. Pourtant, en dépit de cet exploit, ce n'est pas en théologie que Bernhard est le plus brillant. Car le soir, dans sa chambre, Bernhard dévore en cachette des ouvrages de mathématiques. Et c'est là qu'éclate son incroyable talent. Bien sûr, soucieux de ne pas déplaire à son père, il donne le change et va jusqu'à tenter de prouver mathématiquement l'exactitude de la Genèse. Mais rien n'y fait. Il ne se passe pas un jour sans que ses professeurs soient abasourdis par les capacités de leur élève.

Celui-ci résout en un clin d'œil les problèmes les plus compliqués et dès qu'il a cinq minutes, même si on ne lui demande rien, noircit des dizaines de pages de calculs et de schémas, juste pour lui.

*

Deux ans auparavant, il a achevé la mise au clair sur le papier des fascinantes propriétés de la célèbre sphère qui porte son nom : la sphère de Riemann. Qu'a-t-il donc en tête ? Une idée qui, à première vue, paraît incompréhensible ou, pire, n'avoir aucun intérêt : identifier le pôle Nord d'une sphère à un point situé à l'infini du plan complexe !

Qu'est-ce que cette obscure phrase peut bien vouloir dire ?

En fait, quelque chose de très profond, qui a un lien lointain, presque invisible, avec la forme de l'Univers. Mais aussi avec les mystérieux nombres premiers pourchassés un siècle plus tôt par Euler. Un lien sur lequel nous reviendrons et qui, bizarrement, va nous ouvrir un chemin vers ce qui a pu se passer avant le Big Bang.

Riemann passe une main distraite dans sa barbe. Il lui arrive souvent de penser au mystère de la Création. D'autant que dans son enfance, il ne se passait pas un jour sans que son père, un pasteur aussi sombre qu'un confessionnal, lui tende sans un mot la Bible.

Mais par ce beau jour d'été, Bernhard lit autre chose.

Relevant le nez de son carnet, le savant essuie soigneusement ses lunettes et respire l'air rafraîchi par les odeurs de foin coupé. Ce petit vent venu de loin, peut-être de l'Italie qu'il adore, lui fait du bien.

Il a de quoi être fier car, à 33 ans à peine, il vient d'être nommé à la tête du département de Mathématique de la légendaire université de Göttingen. Comme un vrai bonheur ne vient jamais seul, le voilà bombardé membre correspondant à l'Académie des sciences de Berlin. Une grande joie pour son épouse, la jolie Elisa Koch. Comme tout nouveau membre fraîchement accueilli dans les gradins lustrés de l'établissement, il doit rédiger d'ici quelques jours un compte rendu de ses travaux. Aussi, chaque matin, avant les cours, notre explorateur des immenses forêts mathématiques s'installe en souriant sur son banc, toujours le même.

Il ne sait pas encore qu'il va mettre la main sur le plus grand et le plus mystérieux trésor mathématique de tous les temps...

18

Le mystère de la fonction zêta

Ce matin, Riemann s'est levé du bon pied. Après avoir englouti une tasse de café et croqué une tranche de vollkornbrot (le fameux pain noir de la Prusse orientale), le savant se met au travail. Il n'a plus que trois jours pour rédiger le mémoire attendu par les sévères examinateurs de l'Académie des sciences. Mais tout est déjà dans sa tête. Et l'instant d'après, sur la première page de son fameux mémoire : « *Je ne crois pouvoir mieux exprimer mes remerciements à l'Académie pour la distinction à laquelle elle m'a fait participer en m'admettant au nombre de ses correspondants qu'en faisant immédiatement usage du privilège attaché à ce titre pour lui communiquer une étude sur la fréquence des nombres premiers.* »

Les nombres premiers !

Les revoilà, ces nombres incroyablement étranges… Ces fameux atomes numériques qui, cent ans plus tôt, ont fait rêver Euler jour et nuit. Tout en jetant deux ou trois idées sur le papier en guise d'introduction, Riemann se souvient que son directeur de thèse, l'illustre Carl Friedrich Gauss, s'était juré de répondre à cette question : comment dénicher les nombres premiers dans l'océan des nombres entiers ? Où se cachent-ils ? Est-ce qu'ils surgissent au hasard ou bien sont-ils la trace d'un ordre enfoui dans les profondeurs de la nature ?

Vers 1791, alors qu'il avait 14 ans à peine et qu'il courait encore en culottes courtes sur les chemins blancs du duché de Brunswick, le jeune prodige allemand qu'était déjà Gauss s'était mis en tête d'arracher aux nombres premiers au moins une partie du secret de leur répartition. Et en griffonnant sur la marge de l'une de ses tables de calcul, il avait réussi un coup d'éclat : trouver une formule donnant approximativement la quantité de ces atomes numériques jusqu'à telle ou telle limite aussi grande que l'on veut. Mais il avait eu beau se casser les ongles sur ses crayons, Gauss n'était jamais parvenu à en savoir plus sur la répartition de ces nombres diaboliques.

Or, l'idée que cet immense mathématicien qu'était son directeur de thèse ait capitulé devant eux paraît inacceptable à Riemann. Et puisqu'il est son disciple, il ne lui reste plus qu'une chose à faire : relever lui-même le redoutable défi des nombres premiers. La chose tombe à pic, car il est fasciné par ce qui ressemble à un message que cachent ces nombres décidément pas comme les autres. Il sent confusément qu'ils ont quelque chose à lui apprendre. Comme un lien d'une indicible force avec l'Univers entier. Avec tout ce qui existe. Avec Dieu lui-même qu'il prie tous les soirs. Du reste, notre homme se souvient parfois qu'il a failli devenir pasteur et pour lui, les mathématiques ne sont qu'une autre manière de servir Dieu.

*

Mais revenons à ce fameux matin de l'été 1859. Assis sur son petit banc, crayon en main, Riemann ouvre en grand son carnet sur la première page. Bientôt midi. En dehors de l'introduction, notre homme n'a pas encore écrit une ligne. Il pense un moment à acheter une saucisse de Francfort. Mais il secoue la tête. Pas question de quitter son banc avant d'avoir commencé son article. Il plonge alors sa plume dans l'encrier et s'applique à écrire lisiblement le titre : *Sur le nombre de nombres premiers inférieurs à une taille donnée*. Un bon titre. Mais la suite traîne les pieds. Riemann se lève, fait le tour du petit jardin puis se rassied.

Tout à coup, une idée jaillit derrière ses lunettes.

D'où va-t-il partir pour venir à bout de la forteresse qui protège les nombres premiers ? De cette magnifique formule découverte par Euler, un siècle plus tôt : la fameuse fonction zêta ! Vous vous en souvenez, celle-ci s'écrit comme la somme de 1 sur *n* (*n* pour n'importe quel nombre entier) à la puissance *s* :

$1 + 1/2^S + 1/3^S + 1/4^S + 1/5^S \ldots\ldots + 1/n^S$

À ce stade, simplifions. Nous allons utiliser le symbole Σ pour désigner la somme ci-dessus. La fonction zêta (qu'Euler a pris soin de baptiser à l'aide de la lettre grecque ζ) prend alors la forme adoptée partout depuis plus de deux siècles et qui va vite vous devenir familière :

$\zeta = \Sigma 1 / n^S$

Au passage, retenez ce détail, très important pour ce qui va suivre : *s* désignant les différentes puissances de *n* est un nombre entier *réel* (c'est-à-dire 2, 3, 4, 5, etc.)

Riemann fixe longuement cette formule. Il la connaît par cœur. Machinalement, il commence à l'écrire sur son carnet. Puis relève son crayon et s'interrompt durant plusieurs minutes. Et soudain, c'est l'illumination. Il se lève, passe une main appliquée dans sa barbe et se laisse à nouveau tomber sur le banc rustique qui craque sous son poids. L'instant d'après, au comble de l'excitation, il s'empresse de modifier un petit quelque chose dans la fameuse fonction. Un détail qu'Euler n'avait pas vu, mais qui va tout changer. Avant de savoir quoi au juste, signalons que c'est cette modification de rien du tout qui a permis le miracle. Plus exactement la naissance (en quelques jours à peine) d'un court article de huit pages, considéré aujourd'hui comme l'un des plus importants de toutes les mathématiques. Le choc immense que ces huit pages ont provoqué il y a plus de 150 ans se fait encore sentir aujourd'hui avec la même force !

*

Voyons à présent de plus près la fameuse fonction zêta de Riemann. À quoi ressemble-t-elle ?

En fait, comme deux gouttes d'eau à la fonction zêta d'Euler. À ceci près que chez Riemann, l'exposant s désignant les puissances de n n'est plus réel mais devient *complexe*. Autrement dit, il s'écrit :

$$s = a + ib$$

Une idée de génie, qui change tout de fond en comble. Au premier coup d'œil, on peut voir qu'il est désormais incroyablement plus difficile de trouver les solutions de cette équation, c'est-à-dire les valeurs pour lesquelles elle s'annule. Pourtant, ces solutions – ces zéros, comme on dit – existent bel et bien. Mais où se cachent-ils donc ?

Riemann enlève sa veste et retrousse les manches évasées de sa chemise. Le plus urgent : faire table rase des solutions triviales de la fonction, celles qui n'ont pas d'intérêt pour la suite. Ce sont les zéros engendrés par toutes les valeurs entières paires négatives de *s* (s = -2, -4, -6, etc.). Riemann les balaie du revers de la main. Mais ce n'est pas du tout la même histoire pour ce qu'on appelle les zéros non triviaux. Avec eux, on entre dans un nouveau monde. Un domaine totalement inconnu, plein de dangers, qui n'a encore jamais été exploré. Aussi, soyez des plus attentifs aux deux étapes que Riemann s'est mis en tête de franchir.

Première étape : calculer à la main une première solution. Puis une seconde. Puis encore trois ou quatre autres. Celles-ci correspondent tout bêtement à des points sur un plan. Et c'est là que les choses se corsent et que Riemann commence à froncer les sourcils. Bizarrement, au lieu de s'éparpiller un peu partout sur la feuille, ces points – les fameux zéros de la fonction zêta – se rangent impeccablement le long d'une ligne droite qui traverse le plan à la verticale ! Riemann secoue la tête. Ce n'est pas possible ! Il a dû faire une erreur…

Et pourtant... tous les zéros calculés de la fonction zêta sont là, devant lui, rigoureusement alignés le long de cette satanée droite ! Celle-ci coupe à la verticale l'axe horizontal des nombres réels au point 1/2. Comme nous sommes (surtout ne perdez pas le fil) dans ce qu'on appelle le plan complexe, tout cela veut dire que la fameuse droite en question – que Riemann a baptisée plus tard « droite critique » – est *complexe*. Plus précisément, la distance entre les points de cette droite est mesurée par des nombres *imaginaires* (selon la géniale expression du philosophe Descartes). Rappelons que ces nombres imaginaires ne sont pas du tout comme les nombres réels, dans la mesure où leur carré est toujours négatif.

Encore sous le choc, Riemann se mouche à grand bruit puis retourne à sa feuille à présent couverte de calculs. Mais que veulent donc dire tous ces points alignés sur la droite imaginaire ? Suivons la deuxième étape du raisonnement de Riemann et tâchons avec lui d'en savoir plus.

*

Après s'être levé pour soulager la pression qui pèse sur sa poitrine, Riemann fait quelques pas puis se laisse retomber – plus doucement cette fois – sur le banc. Il sait que la fonction zêta découverte par Euler permet de calculer la quantité de nombres premiers situés entre zéro et un nombre quelconque, aussi grand que l'on voudra. Il ne lui en faut pas davantage pour sauter d'un bond jusqu'à la stupéfiante conclusion : les points situés sur la droite critique correspondent à la *répartition* des nombres premiers dans la file des nombres entiers !

La répartition des nombres premiers…

La phrase résonne dans la tête de Riemann comme le signal d'une révolution colossale que rien ne pourra plus jamais arrêter. Le mathématicien allemand s'étire longuement, jusqu'à faire craquer ses épaules. Puis se lève pour faire quelques pas pieds nus dans l'herbe mouillée du parc. Toute la nuit, immobile sous les étoiles, il va savourer debout l'immense victoire qui, il le sait, va changer sa vie. Et celle de l'humanité face au mystère de l'Univers.

19

L'hypothèse de Riemann

Riemann n'en a pas fermé l'œil.

Toute la nuit, les nombres premiers ont déroulé leur sarabande dans sa tête. Jusqu'aux brumes insondables de l'infini. Peu à peu, une conviction s'est formée en lui, plus forte à mesure que les heures ont blanchi au petit matin : l'Univers tout entier repose sur les nombres premiers. Or, leur localisation dans l'océan infini des nombres entiers est désormais possible ! Riemann secoue la tête, presque incrédule devant ce qu'il s'apprête à griffonner sur son carnet constellé d'équations. Car la chose est renversante : la place des nombres premiers parmi les entiers est donnée par les solutions de « sa » fonction zêta, les fameux zéros de la fonction, lesquels sont tous, sans exception, parfaitement alignés le long d'une droite !

La droite critique !

Comment le nombre premier 9 157 231 « sait-il » qu'il doit obéir à un zéro aligné quelque part sur la droite critique ? Et par quel prodige le nombre suivant, 9 157 232, « sait-il » qu'il ne doit pas le faire ? Comment est-ce possible ? Quel est donc le message caché derrière cet incroyable alignement ?

Riemann a beau retourner la question dans tous les sens, la réponse ne vient pas. Seule certitude, cet alignement mystérieux ne peut pas être dû au hasard ! Mais alors, qui ou quoi est donc à l'œuvre derrière ces atomes numériques pour que leur emplacement soit dicté par des solutions – des nombres de plus en plus grands – qui forment la même et unique ligne droite, jusqu'aux confins de l'Univers ? Jusque dans le gouffre sans fond de l'infini ? À cette idée, Riemann réprime un frisson. Il sait qu'il existe une infinité de nombres premiers et il ne peut s'empêcher de penser que très loin, immensément loin sur la droite, obéissant à un réglage inconnu, des nombres premiers d'une taille inimaginable, contenant des milliards de milliards de chiffres, se ruent dans un vide sans fin sans jamais dévier de leur trajectoire, perdus à des distances insondables les uns des autres.

Cette pensée complètement folle le cloue sur place. Comment imaginer un nombre premier contenant des milliards de milliards de chiffres ? Pourtant, notre homme le sait, un tel nombre existe, fantastiquement loin sur la droite des nombres. Mais il sait aussi que plus loin, il y en a de bien plus immenses encore. Sous le choc, il réalise qu'il existe, à l'infini sur la droite complexe, un nombre inconcevablement grand, indiquant l'emplacement d'un nombre premier contenant une infinité de chiffres ! Et même une infinité de nombres premiers contenant une infinité de chiffres, tous réglés au-delà de la portée du calcul humain avec une précision inimaginable.

C'en est trop !

Qui – ou quoi – a donc engendré cette loi de portée illimitée qui règle à l'infini les rouages internes – chaque chiffre parmi une infinité – et le comportement de ces nombres infiniment grands au-delà du calculable ? Qui – ou quoi – règle, ajuste, calibre, *calcule l'infini* ? Pris dans le flot de ses pensées, Riemann se souvient que son père voulait faire de lui un homme de Dieu. Un pasteur. Et lui revient cette phrase du philosophe et mathématicien Leibniz, qu'il admire par-dessus tout : *« Dieu seul peut pénétrer les séries infinies en un éclair. »*

Dieu seul... Riemann reste quelques instants sans bouger un cil, retenant son souffle.

Est-ce que la vertigineuse propriété qu'il vient de découvrir – cet ordre invraisemblable dans les nombres premiers, jusqu'à l'infini – aurait quelque chose à voir avec ce que son père appelait Dieu ? Puis il hausse les épaules. Il reviendra plus tard à cette question. En attendant, il faut terminer l'article.

Riemann se remet donc au travail. Pour bien faire, il faudrait démontrer la fameuse hypothèse. Mais les calculs sont si compliqués qu'après avoir usé une bonne demi-douzaine de crayons, il finit par jeter l'éponge, comme il le confesse dans un aveu aujourd'hui célèbre : « *Pour le moment, après quelques vagues tentatives restées vaines, j'ai provisoirement mis de côté la recherche d'une preuve, car elle semble inutile pour l'objectif suivant de mes investigations.* » Et en dépit de tous ses efforts, malgré les centaines de pages de calculs et les longues heures de discussion avec ses collègues, rien n'y a fait ! Impossible pour Riemann de démontrer son hypothèse !

*

Où en sommes-nous aujourd'hui, plus d'un siècle et demi après la retentissante découverte du mathématicien allemand ? Nulle part. Malgré le prix d'un million de dollars promis par la Fondation Clay à qui apportera enfin la solution, en dépit des assauts enragés des dizaines de milliers de mathématiciens à travers le monde, dure comme le granit, la fameuse hypothèse n'a toujours pas été démontrée. Et pourtant... En 2004, on a pu vérifier, au terme de calculs colossaux menés à l'aide de puissants ordinateurs, que les premiers 10 000 milliards de zéros sont bel et bien alignés sur la droite critique coupant l'axe des réels au point 1/2 ! Malgré tout, une démonstration rigoureuse n'est toujours pas au rendez-vous.

Alors ?

Certains se laissent lentement couler dans le désespoir, tel le mathématicien André Weil. Il est le seul frère de la mythique philosophe et héroïne de la Résistance Simone Weil, qu'il adore. Avec son front haut et son regard arrondi par ses lunettes, c'est le savant parfait. Lorsqu'il entre en 1922 – à tout juste 16 ans – à l'École normale supérieure, ses professeurs s'aperçoivent très vite qu'il est fantastiquement doué pour les mathématiques. En fait, il est doué en tout. C'est lui qui, avec ses camarades de Normale sup, a créé le célèbre groupe Bourbaki, destiné à révolutionner l'enseignement des mathématiques.

Mais les nuages de la guerre obscurcissent soudain le ciel. Jetant dans un fossé le fusil graisseux qu'on a mis de force entre ses mains, il s'enfuit pour la Finlande en septembre 1939. Hélas, ce genre d'escapade ne réussit que rarement aux intellectuels et il est très vite arrêté puis jugé pour insoumission en mai 1940. Sans avoir eu le temps de reprendre son souffle, le voilà précipité au fond d'une cellule à la prison Bonne-Nouvelle de Rouen. Or, c'est là que l'incroyable se produit. Entre deux lettres à son camarade de toujours, le grand Henri Cartan, et à sa sœur Simone Weil, il plonge tête la première dans les eaux énigmatiques de l'hypothèse de Riemann. Et il en revient avec un trésor. Une étonnante démonstration de la fameuse hypothèse « pour une courbe sur un corps fini », résumée en trois pages présentées par Elie Cartan – le père d'Henri Cartan – aux Comptes Rendus de l'Académie des sciences, lors de la séance du 22 avril 1940.

A-t-il pour autant démontré la légendaire hypothèse ? Hélas non (du moins, pas dans le cas général). Par la suite, toutes ses tentatives se sont soldées par des échecs cuisants. Au soir de sa vie, assombri par le dépit, il a écrit quelques lignes devenues aujourd'hui emblématiques :

« *Quand j'étais jeune, j'espérais démontrer l'hypothèse de Riemann. Quand je suis devenu un peu plus vieux, j'ai encore eu l'espoir de pouvoir lire et comprendre une démonstration de l'hypothèse de Riemann. Maintenant, je me contenterais bien d'apprendre qu'il en existe une démonstration.* »

Et il en va de même pour tous ceux qui se sont heurtés, toujours durement, à la redoutable hypothèse. Entre mille autres exemples, voici ce qu'en dit l'un des meilleurs experts actuels de la théorie des nombres, Peter Sarnak, de l'université de Princeton : « *La fonction zêta de Riemann reste sans doute le plus grand mystère des mathématiques modernes. C'est une fonction que nous comprenons bien à l'exception de la question fondamentale qu'elle nous pose. Elle relie la théorie des nombres premiers, ou encode des informations profondes sur la théorie des nombres premiers, avec les zéros. Elle contrôle les nombres premiers d'une manière que nous ne comprenons pas.* » Le mathématicien anglais Marcus du Sautoy, professeur à l'université d'Oxford, en retire une impression encore plus troublante : « *L'hypothèse de Riemann est la longitude des mathématiques. En la résolvant, on ouvrirait la perspective d'établir la carte des eaux brumeuses du vaste océan des nombres. Cela ne constituerait qu'une étape dans notre compréhension de ce secret de la Nature. Si seulement nous pouvions trouver le secret nous permettant de naviguer sur les nombres premiers, qui sait alors ce que nous trouverions au-delà, n'attendant que nous*[1] *?* »

Qu'est-ce qui nous attend au-delà ? Quelque chose de sidérant ! Préparez-vous à faire un pas de plus vers l'hypothèse Dieu.

1. http://villemin.gerard.free.fr/Wwwgvmm/Identite/Riemann.htm

20

Le rêve de Hilbert

Nous voici en janvier 1914 en Basse-Saxe, au fond d'une vallée enveloppée de neige. C'est là que depuis deux siècles se trouve l'université de Göttingen. Perdue entre deux ruelles pavées en lisière d'une immense forêt, elle règne sans partage depuis plus d'un demi-siècle sur le monde des mathématiques. La guerre ? Il y a bien quelques rumeurs, ici et là, selon lesquelles les Prussiens, échauffés par le Kaiser Guillaume II, auraient l'ambition de retoucher par endroits la carte de l'Europe. Mais la Basse-Saxe est loin des casques à pointe de la Prusse et Göttingen, à l'abri de ses collines, pense à tout sauf à la guerre.

Comme chaque matin avant le lever du jour, David Hilbert est déjà installé à son bureau.

Hilbert !

Dans le monde entier, le mathématicien au chapeau de paille vissé sur la tête est une légende.

Il sait que dormir quatres heures par nuit et se lever avant tout le monde – surtout en plein hiver – fait partie de son personnage. Hilbert jette un coup d'œil par-dessus son épaule. La nuit, épaisse comme l'encre, n'a encore rien cédé au matin. Luttant contre le vent qui glace les fenêtres, le poêle ronfle à l'abri d'une soupente, tout au fond de la pièce tapissée de bois. Plus en forme que jamais, notre infatigable travailleur aligne à toute vitesse des calculs qui sautent de ligne en ligne à la lueur jaune pâle de sa lampe à pétrole. Tout à coup, sa plume s'arrête net.

Elle vient de tracer les symboles de la mythique fonction zêta de Riemann !

Hilbert se lève pour donner de l'air à ses souvenirs. Quatorze ans plus tôt, le 8 août 1900, il était dans le grand amphithéâtre de la Sorbonne. Pour y faire quoi ? Énumérer à la face du monde les vingt-trois problèmes mathématiques les plus difficiles du monde. Parmi ces immenses montagnes, il y a le huitième sommet. Un problème plus redoutable que tous les autres : l'hypothèse de Riemann. Depuis toutes ces années, la diabolique conjecture tourne et retourne dans sa tête. Bien sûr, jusqu'ici, tous ses collègues s'y sont cassé les dents, Felix Klein le premier. Et même Minkowski qui, vers 1903, avait cru tenir une piste mais qui, finalement, avait dû abandonner. Aussi, mi-amer mi-ironique, étalant sur son bureau des dizaines de cahiers couverts de calculs infructueux, il avait fini par grincer en direction de ses collègues : « *Si je devais me réveiller après avoir dormi pendant mille ans, ma première question serait : l'hypothèse de Riemann a-t-elle été prouvée ?* »

En attendant, comment donc démontrer cette diabolique hypothèse ?

Hilbert croit dur comme fer que c'est possible. Il fait partie de ceux qui pensent sans jamais en démordre que tout problème a sa solution. Que tout – absolument tout – est démontrable. Sa devise ? Il la martèle chaque jour à qui veut l'entendre, à tel point qu'elle est aujourd'hui gravée dans la pierre sous son buste à Göttingen : « *Nous voulons savoir ! Nous allons savoir !* » Pour lui, il n'y a donc pas le moindre doute : un jour ou l'autre, à coups de théorèmes, on finira par faire s'écrouler l'ultime barrière masquant l'hypothèse de Riemann. La preuve ? En cette année 1914, un événement retentissant vient de se produire et apporte de l'eau au moulin de Hilbert. De quoi s'agit-il ? D'une extraordinaire démonstration que vient de publier l'un des maîtres de l'école mathématique de Cambridge, Godfrey Hardy (avec l'aide de son collègue John Littlewood). Hilbert le sait, Hardy barbote depuis toujours dans l'océan des nombres premiers et connaît la fonction zêta de Riemann comme sa poche. C'est lui, en particulier, qui a découvert cet autre génial explorateur des nombres premiers qu'était Ramanujan et qui est parvenu à l'extirper des Indes pour lui ouvrir tout grand les portes imprenables de Cambridge. Mais qu'ont donc démontré Hardy et Littlewood en 1914 ? Tout simplement qu'il existe une infinité de zéros – une infinité de solutions de la fonction zêta – *exactement* sur la droite critique 1/2.

Le résultat est aussi précieux qu'une oasis en plein désert. Hilbert en a instantanément saisi l'immense portée, à tel point qu'il n'en a pas dormi pendant trois nuits. Pour autant, il secoue la tête, un pli soucieux sur le front. Car ce n'est qu'un début. Il reste encore à démontrer que *tous* les zéros – sans exception – sont sur la droite critique. Pas un seul ne doit manquer à l'appel.

Mais comment faire pour venir à bout de la terrifiante hypothèse ? Chaque matin, Hilbert se pose cette question. Et chaque soir, il revient bredouille.

*

Un soir, alors qu'il dîne tranquillement au réfectoire, un nouveau venu s'assied à côté de lui. Un physicien hongrois de 27 ans, George Pólya. Entre deux bouchées de saucisses arrosées au riesling, les deux savants commencent à discuter. Pólya est aux anges car Hilbert est son idole. Chemin faisant, il lui raconte que quelque temps plus tôt, le mathématicien Edmund Landau (célèbre depuis 1903 pour avoir simplifié le théorème des nombres premiers) lui a lancé à la fin d'un cours : « *Vous qui connaissez un peu la physique, pourriez-vous donner une raison physique pour laquelle l'hypothèse de Riemann devrait être vraie ?* »

À l'écoute de cette phrase, Hilbert frappe la table du plat de sa main. Landau est sûrement dans le vrai, cette raison physique *doit* exister ! Sans tourner davantage autour du pot, Hilbert cloue alors sur place Pólya de son regard bleu et lui pose la question de confiance : « *Pourquoi ne la chercherions-nous pas ensemble, cette fameuse raison physique ?* » Au dessert – un apfelstrudel, comme tous les lundis –, l'affaire est entendue.

Dès le lendemain matin, les deux chercheurs

enfilent leurs blouses blanches et se frottent les mains à la perspective du travail qui s'annonce. Malgré leurs vingt-cinq ans d'écart, ils ont le même âge. La même volonté de savoir. Encore un bon verre de vin chaud, une rasade de café et ils se jettent à l'eau, brandissant leurs crayons comme des épées.

Le temps passe...

Et au bout d'interminables discussions face au tableau noir, de nuits blanches dopées au thé noir, de feuilles de papier entassées sur les tables, l'idée a pris forme : elle est connue aujourd'hui sous ce nom intriguant : la conjecture de Hilbert-Pólya !

*

Comment la comprendre ? Pour les plus audacieux, comme un pont extraordinaire entre les nombres et la matière susceptible de déboucher sur un début de preuve indirecte de l'hypothèse de Riemann.

Tout est parti d'une intuition un peu folle de nos deux savants, selon laquelle un opérateur – c'est-à-dire une formule faisant partie de la physique quantique – se trouve « caché » derrière la fonction zêta et pourrait agir sur la matière. Plus précisément, les solutions de la fonction zêta – les fameux zéros – pourraient, selon Hilbert et Pólya, correspondre aux valeurs propres de cet opérateur. Or, justement, en physique quantique la position d'une particule élémentaire, son énergie, sa vitesse, sa position dans l'espace, etc., sont décrites par des opérateurs. D'où, aussi étrange que cela puisse paraître, l'existence possible d'un lien entre la fonction zêta de Riemann et la physique ! Et par conséquent, entre les nombres premiers et la matière.

Tout ceci excite follement Hilbert et Pólya. Car ils savent que si leur conjecture est démontrée un jour – par eux ou par quelqu'un d'autre –, alors on aura instantanément la preuve que l'hypothèse de Riemann est vraie ! Et dans la foulée serait établi, pour la première fois, un lien absolument incontestable entre le monde des nombres et celui de la matière.

Mais en ce sombre hiver 1914, tout cela est encore bien loin. La Grande Guerre va bientôt tomber sur le monde. Et faucher d'un coup des millions d'âmes. À Göttingen comme ailleurs, la marche des idées est engloutie dans la boue des tranchées, brisant le rêve de Hilbert et Pólya.

*

1933. Les nazis imposent leur croix gammée sur l'Allemagne, y compris la Basse-Saxe. Brutalement vidée des savants juifs qui, jusqu'alors, avaient porté sa gloire à bout de bras, l'université de Göttingen n'est bientôt plus que l'ombre d'elle-même. Un soir de 1934, Hilbert dîne seul dans le grand réfectoire de l'Université. Une silhouette ventripotente s'assied en face de lui. Levant les sourcils, le mathématicien reconnaît le ministre nazi de l'Éducation, lequel arbore fièrement à son bras droit la croix gammée noire sur fond blanc et rouge. Le haut dignitaire du régime lui lance alors dans une grimace :

— *Alors, Monsieur le Professeur, comment vont les mathématiques à Göttingen, maintenant qu'elles sont libérées de l'influence juive* ?

Hilbert hausse les épaules et laisse tomber ces quelques mots grinçants :

— *Les mathématiques à Göttingen ? Mais... Quelles mathématiques* ?

Puis il se lève et tourne les talons sans un regard en arrière.

Ce soir-là, une ère s'est achevée. Dans ce désert battu par les vents qu'est devenue l'université de Göttingen, il n'y a plus un seul mathématicien de renom. Hilbert est le dernier.

Alors qui ? Qui donc viendra à bout de la mystérieuse conjecture ?

21

L'incroyable rencontre

Plus d'un demi-siècle s'est écoulé depuis le temps où, nuit après nuit, Hilbert et Pólya ont forgé leur fameuse conjecture. Le long règne de Göttingen sur le monde des mathématiques n'est plus qu'un lointain souvenir qui s'efface lentement, balayé par l'Histoire. Désormais, celle-ci passe par d'autres hommes.

Nous voici au printemps 1972, par une grande matinée d'été en Amérique, dans la première université du monde, Princeton !

Des pas rapides – peut-être des professeurs ou des étudiants – montent alors en écho du fond d'un des innombrables couloirs. Les hommes à l'arrière (ou à l'avant) de ces pas sont encore invisibles. Mais soudain, ils finissent par déboucher sur la grande galerie et martèlent bientôt les carreaux lustrés qui mènent à l'Institut des études avancées.

Le premier à franchir le portique en marbre

est un étudiant anglais de 28 ans. Il porte un nom de général d'armée, Hugh Montgomery. Il vient tout juste de décrocher sa thèse de doctorat à l'université de Cambridge sous la direction d'Harold Davenport, célèbre théoricien des nombres premiers et surtout, infatigable explorateur de... la fonction zêta de Riemann.

Au début, Montgomery ne savait pas grand-chose de plus sur la fonction zêta que tout honnête étudiant moyen. Quant à la conjecture de Riemann, c'était pour lui du chinois. Mais les choses n'ont pas traîné. Davenport lui a rapidement transmis le virus de la mystérieuse fonction. Au bout d'un an, le thésard s'est mis à réfléchir sérieusement – c'est-à-dire crayon en main – à la répartition des zéros. Bientôt, il connaît tous les pièges possibles tendus par cette fonction si retorse.

Or, un matin plus ensoleillé que les autres, Montgomery tombe sur un professeur qui, comme lui, déambule dans l'une des allées du parc : Atle Selberg. Cet inconnu qui marche à ses côtés d'un pas allongé est loin d'être n'importe qui. Disciple inconditionnel de Ramanujan, il a soutenu sa thèse de doctorat en 1942 à Oslo sur les zéros de la fonction zêta juste avant d'être arrêté par les nazis et jeté en prison. Soupçonné un moment d'être juif, il est passé à un cheveu de la catastrophe. Finalement relâché, il se jette à corps perdu dans la théorie des nombres dont il devient vite un maître. C'est lui qui a démontré qu'une partie de tous les zéros possibles de la fonction zêta se trouve bel et bien sur la droite critique. Et en 1950, le voilà lauréat de l'imprenable médaille Fields.

Or ce jour-là, Montgomery parle plus que d'habitude. Jugeant sans doute que son interlocuteur – qu'il a fini par reconnaître – en vaut la peine.

Mais de quoi lui parle-t-il avec tant de fièvre ?

De la découverte qu'il pense avoir faite concernant la surprenante distribution des zéros de la fonction zêta le long de la droite critique. Or, cette hypothèse audacieuse, connue aujourd'hui sous le nom de « conjecture de Montgomery », nous dit qu'en deçà d'une certaine distance minimale, les zéros ont étrangement tendance à se repousser le long de la droite critique.

Un phénomène des plus bizarres, auquel personne ne s'attendait.

Selberg est pétrifié. Comment croire une chose pareille ? Alors qu'il s'apprête à entrer dans la salle de cours où l'attendent ses étudiants, il hésite quelques instants à rebondir sur les propos de Montgomery. Une question lui brûle la langue. Mais les mots ne viennent pas. Encore une seconde ou deux et il finit par donner en silence une petite tape dans le dos de son compagnon de promenade puis s'engouffre dans la salle de cours.

Mais il n'a pas perdu une miette de l'étrange confidence de son jeune collègue.

22

Le secret des matrices aléatoires

7 heures 30. Montgomery extirpe de sa pochette un mouchoir blanc (sur lequel il a fait broder en rouge la fonction zêta) et s'éponge le front. Il a passé une bonne partie de la nuit à aligner des calculs. Plus il revient sur ses notes, plus il est certain de ses résultats. Il s'étire en baillant par distraction, jusqu'à ce qu'un craquement au travers de ses épaules lui indique qu'il est temps de faire une pause. Et même de prendre son petit déjeuner.

À grandes enjambées, il accourt vers la cafétéria, rate une marche et se raccroche au bras de quelqu'un qui passait par là. Qui donc ? Daman Chowla, un mathématicien indien, grand explorateur des nombres. Ce dernier ne jure que par le prodige Ramanujan, comme lui venu d'Inde et capable d'effectuer de tête les calculs les plus monstrueux. Au début des années 1900, Ramanujan a lui aussi plongé dans l'océan illimité des nombres premiers. Il en a ramené une puissante formule de comptage qui porte aujourd'hui son nom. Chowla (qui ne se voit pas autrement que comme le disciple reconnu du célèbre mathématicien) n'a pas traîné pour voir en Montgomery un collègue partageant le même goût pour la chasse aux nombres premiers. Sans donner à son nouveau collègue le temps de protester, il le prend par le bras et l'entraîne vers la cafétéria. Armés de leurs calepins et de leurs stylos, les deux jeunes explorateurs se laissent tomber sur des sièges en cuir vert. Soudain, Chowla remarque dans un coin un physicien anglais à la tignasse ébouriffée qui sirote à petites gorgées brûlantes son thé Darjeeling du matin. Son nom ? Freeman Dyson.

Dyson !

Une légende aujourd'hui. À presque 100 ans (il est né en 1923), son bon sourire est reconnaissable entre mille. À la demande du charismatique Oppenheimer, il a été nommé – à vie – professeur à l'Institut des sciences avancées en 1953. Une éternité… Il était d'ailleurs déjà une figure dans son pays natal puisque dès 1952, il a fait une entrée en fanfare au sein de la très fermée Royal Society (il en est devenu à 29 ans le membre le plus jeune). Rien ne l'a arrêté puisqu'en 1964, le voilà sociétaire de l'Académie américaine des sciences et, dans la foulée, membre associé de l'Académie des sciences en France.

À présent, soyez plus attentif que jamais à ce qui va suivre.

*

Que faisait Dyson dans les années 1960 ? Il travaillait d'arrache-pied sur ce qu'on appelle la « théorie des matrices aléatoires ». Retenez bien ce nom, même s'il vous paraît un peu barbare. Son usage a été consacré par le prix Nobel Eugene Wigner en 1951 pour décrire le comportement (par nature imprévisible) des atomes et autres particules élémentaires. Faisons une pause et descendons un instant au niveau d'un noyau atomique. Que voyons-nous à droite ou à gauche ? Du noir et du vide. Avec ici et là des tourbillons lumineux qui surgissent de nulle part, traversent l'espace comme des étoiles filantes avant de disparaître dans une gerbe d'étincelles.

Pour tenter de faire un peu d'ordre dans tout ça, Wigner, jamais à court d'idées, a donc proposé quelque chose d'astucieux : les différents niveaux d'énergie au cœur du nuage nucléaire pourraient être détectés et décrits par ce qu'il appelle des « matrices aléatoires ». Or, ça tombe bien car depuis des années, Dyson a travaillé jour et nuit sur ces fameuses matrices aléatoires ! À tel point qu'en ce bel été de 1972, il les connaît sur le bout du doigt, dans les moindres détails.

Tout est prêt pour l'un des plus grands coups de théâtre de toute la science.

23

Le pont miraculeux entre les nombres et la matière

Repliant son journal, Dyson lève le nez et jette un coup d'œil par-dessus le rebord de sa tasse. Repérant Chowla, qu'il connaît un peu, il lui fait alors un petit signe de la main.

C'est le moment !

Le mathématicien indien tire Montgomery par la manche jusqu'à la table du physicien anglais. Dyson lève le nez et fait gentiment asseoir les deux visiteurs à sa table. Refoulant tant bien que mal sa timidité, le jeune homme commence à raconter que son université lui a offert un « post doc » inespéré à Princeton. En bousculant ici et là ses mots, il ajoute qu'il a bien sûr sauté sur l'occasion de passer quelques mois dans ce prestigieux temple des sciences.

Trépignant d'un pied sur l'autre, Chowla le coupe alors d'une tape sur l'épaule :

— Tout ça c'est très bien, mais dis plutôt à notre ami ce sur quoi tu travailles !

D'abord hésitant, le regard englouti dans son menton, le jeune homme finit par se lancer. Très vite, le monologue devient incompréhensible. Or, à mesure que Montgomery descend dans les détails, Dyson tend l'oreille, de plus en plus à l'écoute. Soudain, il laisse échapper sa tasse, qui retombe bruyamment sur le plateau, et se lève d'un bond.

Comment est-ce possible ? La répartition des zéros trouvée par Montgomery correspond *exactement* à la distribution des solutions de sa matrice aléatoire ! Pourtant, celle-ci a été découverte dix ans plus tôt et n'a pas le moindre rapport avec la fonction zêta de Riemann. Dyson n'en revient pas. Secouant l'épaule du jeune anglais, il lui lance d'une voix aiguë :

— *Mon vieux, je n'y comprends rien ! C'est impossible et pourtant, votre résultat est le même que le mien ! Les deux approches viennent de directions complètement différentes, mais vous obtenez la même réponse que moi !*

Puis il retombe d'un coup sur sa chaise et murmure, comme pour lui-même :

— *Cela nous montre qu'il y a là-bas beaucoup de choses que nous ne comprenons pas. Quand ce sera le cas, tout ça nous paraîtra peut-être évident. Mais pour le moment, c'est tout juste un miracle* !

En effet, un miracle !

Car au hasard d'un petit déjeuner, le rapprochement entre les travaux du mathématicien et ceux du physicien montre – et c'est là l'incroyable – que la distribution des niveaux d'énergie dans les grandes profondeurs de la matière est *gouvernée* de manière rigoureuse par la répartition invisible des nombres premiers dans l'océan infini des nombres entiers. Un lien impensable, a priori *impossible*, entre les nombres et la matière !

Face à ce bouleversant tête-à-tête, les deux savants restent longtemps silencieux, ne sachant quel mot lâcher en premier. Car ils savent bien qu'il est banal de voir des phénomènes physiques expliqués par les mathématiques. En revanche, nos deux chercheurs se trouvent face à un renversement très étrange, où des êtres purement mathématiques, sans substance et sans aucune prise sur rien font pourtant la loi dans le monde physique, sans qu'on puisse apporter la moindre explication à ce prodigieux phénomène. Secoué par la sidérante discussion entre les deux savants, l'historien anglais Karl

Sabbagh affirme sans prendre de gants : « *De cette conversation est née une toute nouvelle approche de l'hypothèse de Riemann, et la possibilité que de manière assez significative l'univers quantique se comporte comme s'il était piloté par l'emplacement de la fonction zêta de Riemann.* »

*

Encore sous le choc, Montgomery se lève et tend une main mal assurée à son illustre collègue. Alors qu'il marche lentement vers la sortie, ses yeux se perdent au-delà des murs. Il se souvient que ceux qui ont été les premiers à allumer la mèche sont Hilbert et Pólya à Göttingen, un demi-siècle plus tôt, avec la conjecture prophétique qui porte leurs noms. Le mathématicien secoue la tête, vaguement incrédule. Dans ses vagues souvenirs remontent aussi les noms de deux autres physiciens des années 50, Yang et Lee, célèbres pour le théorème qui porte leurs noms. Que nous dit ce fameux théorème ? Que les zéros – les solutions – d'un certain type de fonctions de partition en mécanique statistique sont tous imaginaires ! Autrement dit, ils sont tous alignés le long d'une droite critique qui coupe l'axe des réels au point zéro. Ce résultat est évidemment très proche des idées de Hilbert et Pólya. Mais Yang et Lee n'ont pas creusé davantage le phénomène et les choses en sont restées là. Alors ? Serait-il possible que lui et Dyson apportent la preuve précise, *irréfutable*, que Hilbert et Pólya avaient raison, armés de leurs seuls bâtons de craie dans les salles de classe de Göttingen ?

Encore un dernier salut à Chowla et Montgomery tourne les talons. Il ne sait pas encore qu'il ne le reverra plus jamais. Mais ce qu'il sait au fond de lui, c'est que quelque chose de ce qui s'est passé ce matin-là restera gravé dans l'histoire des sciences.

24

À la chasse aux nombres premiers sur la droite critique

Nous voici près d'un demi-siècle après cette fabuleuse discussion à l'heure du petit déjeuner entre Dyson et Montgomery. Durant toutes ces années, des milliers de spécialistes ont fait et refait les calculs. Et à chaque fois, la stupéfiante correspondance entre les zéros de la fonction zêta le long de la droite critique et les valeurs des matrices aléatoires a été vérifiée. Le verdict est donc aujourd'hui sans appel : la correspondance existe bel et bien et elle est absolument exacte !

Parmi ceux qui se sont impliqués avec éclat dans cette traque colossale, il y a le mathématicien Andrew Odlyzko. Armé d'instruments plus puissants les uns que les autres accumulés au fil des années dans son fabuleux laboratoire d'ATT, cet Américain est considéré aujourd'hui comme le plus grand chasseur de zéros de la planète. Il en a calculé des milliards, découverts de plus en plus loin sur l'interminable droite critique. Or jusqu'ici, tous – sans la moindre exception – sont bel et bien situés *exactement* sur la droite !

Est-ce tout ? Loin de là.

Pendant des années, Odlyzko a comparé les écarts statistiques entre les valeurs des matrices aléatoires et les distances séparant les zéros de la fonction zêta sur la droite critique. Or, l'ajustement entre les deux courbes est à couper le souffle. Déjà saisissant pour le premier million de zéros, il atteint une perfection inimaginable lorsqu'on monte très haut, au-delà de cent milliards ! En quelques semaines, ces mesures phénoménales ont fait le tour du monde, à tel point que Peter Sarnak, déjà croisé au fil des pages et qui est l'un des maîtres à Princeton de la théorie des nombres, a lancé, dans un élan enthousiaste :

« *Ces mesures constituent la première preuve phénoménologique que les zéros sont absolument, sans aucun doute, d'une nature "physique"*. »

Cet éclatant mystère vaut qu'on y revienne une fois de plus : par quel « miracle » (pour parler comme Dyson) les mêmes lois de distribution contrôlent-elles d'un côté le comportement de nombres dans un espace purement mathématique et, de l'autre, les niveaux d'énergie des particules élémentaires dans les profondeurs de la matière ? Comment est-ce possible ? Mystère. Ce double défi à la connaissance et à la raison a poussé le physicien théoricien britannique Michael Berry, membre de la Royal Society, à s'exclamer : « *Comment se fait-il que la fonction zêta de Riemann puisse mimer si parfaitement un système quantique alors qu'elle n'en est pas un*[1] ? »

À la dernière page de son livre *Mathématiques et Physique* le physicien mathématicien russe Yuri Manin, directeur de l'Institut Max-Planck de Bonn, exprime à son tour sa profonde perplexité :

« *Les idées les plus profondes de la théorie des nombres présentent une ressemblance troublante avec celles de la physique théorique moderne. Comme la mécanique quantique, la théorie des nombres fournit des modèles de relations entre le discret et le continu, et met en valeur le rôle des symétries cachées. On souhaiterait espérer que cette ressemblance ne soit*

1. In *A Prime Case of Chaos*, Barry Cipra, American Mathematical Society.

pas fortuite, et que nous soyons en train d'apprendre de nouveaux mots sur le monde dans lequel nous vivons, dont nous ne comprenons pas encore le sens. »

Un beau jour de 1960, tourmenté par le mystère non résolu (et peut-être pour toujours insoluble) entourant la fonction zêta, le célèbre Eugene Wigner, prix Nobel de physique, a explicitement pris pour cible la fonction zêta en donnant à l'un de ses livres le titre suivant : *La Déraisonnable Efficacité des Mathématiques dans les sciences naturelles*. Une formule qui pointe du doigt l'énigmatique relation existant entre le monde numérique et le monde physique, entre les nombres et la matière.

Justement, nous allons découvrir au chapitre suivant un exemple frappant de ce lien invisible entre les deux mondes. Un lien qui, vous allez le voir, remonte à la nuit des temps.

25

L'étrange état KMS

Nous entrons ici au cœur de notre recherche de ce que, par un raccourci assez vif, nous avons appelé « l'Équation Dieu ». Plus précisément, nous vous invitons à explorer maintenant l'étrange phase immatérielle qui, selon nous, existait avant le Big Bang et a donné naissance à la matière, à l'espace et au temps tels que nous les connaissons. À ce stade se pose une nouvelle question, fascinante entre toutes : est-ce que cette phase immatérielle qui, peut-être, a précédé le Big Bang physique, a un lien quelconque avec cette fameuse fonction zêta autour de laquelle nous avons tourné tout au long de ce livre ? Autrement dit, est-ce que le stade physique de l'Univers a un lien quelconque avec un possible stade numérique précédant l'apparition de la matière et incluant les nombres premiers ?

Pour en savoir plus, revenons à ce que nous savons aujourd'hui de l'Univers primordial, pas loin du moment où il émerge, il y a 13 milliards et 820 millions d'années.

On sait aujourd'hui que l'Univers primitif, au voisinage de l'origine, présente un extraordinaire *équilibre thermodynamique*. Un équilibre de plus en plus élevé à mesure que l'on remonte vers l'instant du Big Bang. Or, nous avons montré dans nos thèses de doctorat puis dans un article scientifique publié dans *Annals of Physics* que, dans la mesure où le « système Univers » est à l'équilibre thermodynamique à l'instant de Planck correspondant à l'instant du Big Bang (c'est-à-dire un dix millionième de milliardième de milliardième de milliardième de milliardième de seconde), alors le cosmos naissant se trouve *nécessairement* dans un état physique très étrange, qui n'existe plus aujourd'hui, et que les physiciens appellent « état KMS ». Plus exactement, le résumé de notre article intitulé « La métrique de l'espace-temps et la condition KMS à l'échelle de Planck » commence par ceci : « *Dans le présent article, nous montrons que le système espace-temps doit être considéré comme soumis à la condition de Kubo-Martin-Schwinger (KMS) à l'échelle de Planck*[1]. »

1. Grichka et Igor Bogdanov, « Spacetime Metric and the KMS Condition at the Planck Scale », *Annals of Physics*, vol. 296 (fév. 2002).

Voyons de plus près de quoi il s'agit.

Les trois lettres K, M et S sont simplement les initiales des noms des trois savants qui ont fondé la théorie vers la fin des années 50. Il s'agit, dans l'ordre, du mathématicien japonais Kubo, lauréat de la médaille Boltzmann, de Martin (célèbre pour ses capacités de calcul) et de Schwinger, prix Nobel de physique en 1965, avec Richard Feynman et Shin' ichiro Tomonaga. Julius Schwinger était un ami proche de notre directeur de thèse, le physicien mathématicien Moshé Flato. Ceci nous a amenés de manière naturelle à prendre le chemin de la condition KMS pour étudier l'Univers primordial.

Soyons simples ! Tout ce que vous devez retenir ici, c'est que la condition KMS relie l'équilibre thermique d'un système quelconque à son évolution. Pour y voir plus clair, imaginez un funambule sur une corde. Il ne conserve son équilibre qu'au prix de petits mouvements de son balancier. Or, lorsqu'un système quantique est en état KMS, alors son temps propre cesse d'exister sous sa forme réelle. Il s'est transformé en un temps d'une toute autre nature, que les physiciens mathématiciens appellent le *temps complexe*. Souvenez-vous de ce que vous avez appris en classe : un nombre complexe n'est rien d'autre que l'addition d'un nombre réel et d'un nombre imaginaire (ces nombres mystérieux, dont le carré est toujours négatif). Le temps complexe est donc, tout simplement, un temps hypothétique (mais largement utilisé en physique) qui a *deux* directions au lieu d'une seule : une direction de temps réel (comme chez nous) et une direction de temps imaginaire (qui, a priori, n'a aucune chance d'exister dans notre réalité de tous les jours). Au lieu d'être, comme le temps réel, représenté par une droite, le temps complexe est visualisable par un plan (qu'on appelle le plan complexe). Pour en donner une vague image, un temps complexe est un temps sans ordre et sans structure, où une heure pourrait durer une minute et – encore pire – où l'on reviendrait brutalement en arrière, de midi et demi à neuf heures du matin.

Or, selon nous, ces phénomènes étranges se sont produits dans l'Univers primordial, juste avant le Big Bang : d'une chaleur inimaginable (100 000 milliards de milliards de milliards de degrés) et, selon les physiciens, en équilibre thermodynamique, le cosmos était donc *inévitablement* en état KMS. Autrement dit, dans l'Univers en train de naître, le temps tel que nous le connaissons n'existait pas encore. Qu'y avait-il à la place ? Selon nos hypothèses, dans cette ère inimaginable précédant le Big Bang, le temps primitif oscillait sans cesse entre la direction réelle (le temps ordinaire, que nous mesurons sur nos montres) et une direction imaginaire (qui nous est inconnue). Il est possible que cet état unique ait dominé le pré-espace-temps avant le Big Bang. Mais si c'est bien le cas, alors il est également possible que l'état KMS ait laissé une trace observable. Où allons-nous la chercher ? Tout naturellement au sein de la radiation fossile, la première nouvelle de l'Univers.

Or ici surgit une surprise de taille.

*

En effet, il suffit de jeter un coup d'œil sur la formule de l'état KMS pour se rendre compte qu'il s'agit de la *même chose* que la fonction zêta de Riemann.

Une nouvelle fois !

Or, ceci n'a rien d'étonnant. Vous savez à présent que les solutions de la fonction zêta sont a priori toutes situées à l'intérieur d'une bande complexe située entre 0 et 1. Et l'hypothèse de Riemann ne dit rien d'autre sinon qu'en réalité, ces zéros se concentrent sur la fameuse « droite critique » qui coupe l'axe réel au point 1/2.

Or, dans le cas de l'état KMS, les valeurs du temps naissant avant le Big Bang sont elles aussi distribuées à l'intérieur d'une bande *complexe* entre l'échelle zéro et l'échelle de Planck, exactement comme pour les solutions de la fonction zêta de Riemann. En définitive, il y a quelque chose de vraiment fascinant dans cette idée selon laquelle la fluctuation des zéros sur la droite critique est de même nature que l'oscillation du temps entre l'instant zéro et l'instant de Planck. Ainsi, la concentration des valeurs complexes du temps à mi-chemin entre l'instant zéro et l'instant de Planck pourrait avoir une relation inconnue à ce jour avec la concentration des zéros complexes sur la droite critique. Et si vous consentez à nous suivre sur cette pente abrupte, alors vous pourrez également accepter l'étrange hypothèse selon laquelle l'emplacement à première vue imprévisible des nombres premiers au sein de la suite infinie des nombres entiers est la trace laissée dans notre monde de la fluctuation du temps primitif (par nature complexe) qui, selon nous, a existé à cette époque inimaginable qui a précédé le Big Bang.

*

Mais on peut tirer encore autre chose de cette surprenante correspondance entre les fluctuations du temps primordial avant la naissance matérielle de l'Univers et la dispersion des nombres premiers parmi les nombres entiers. Préparez-vous à un dernier choc. Sans doute le plus important de ce livre.

26

Vers la singularité initiale

Nous voici bientôt au bout de notre voyage. Cette limite, c'est bien sûr l'instant zéro. La « singularité initiale » marquant le zéro absolu du temps, de l'espace et de la matière.

Comment comprendre cette très intrigante « singularité » ? La meilleure image (la plus commode pour la représentation) est celle d'un simple point mathématique. Un point sans dimension, d'où tout est parti, avant l'instant de Planck, il y a 13 milliards et 820 millions d'années. De quoi est « fait » ce point ? L'approche standard, adoptée par la grande majorité des physiciens, c'est qu'au voisinage de la singularité, la courbure du pré-Univers, de même que sa densité et sa température deviennent infinies. D'où le fait que cette fameuse singularité originelle, barricadée derrière ses infinis, nous échapperait à tout jamais.

Nous pensons que ce point de vue est profondément erroné et nous ne le partageons pas (au risque de nous attirer, une fois de plus, les fureurs de la « communauté » scientifique).

En réalité, en partant du fait accepté aujourd'hui selon lequel le Big Bang a lieu à l'instant de Planck, un instant très petit mais qui n'est pas l'instant zéro, notre hypothèse, entrevue tout au long de ce livre, est très simple et tient en trois phrases :

— Puisque la matière, l'espace et le temps naissent au moment du Big Bang, il en résulte qu'avant le Big Bang, ces trois éléments de notre réalité *n'existent pas encore.*

La première phase se situe autour de l'instant zéro. C'est l'instant où la réalité – une réalité fantastiquement différente de la nôtre – émerge du néant. Notre hypothèse, développée dans d'autres ouvrages, est que cette phase initiale n'existe pas dans le temps réel mais dans ce temps profondément autre, que l'on appelle en physique mathématique le « temps imaginaire ».

De quoi s'agit-il au juste ?

Nous avons déjà donné précédemment à grands traits quelques indications à propos du temps imaginaire, un concept scientifique introduit il y a longtemps déjà par les mathématiciens (dans les années 40) et merveilleusement popularisé par cet infatigable explorateur de l'Univers qu'était Stephen Hawking. Il s'agit tout simplement d'une nouvelle forme du temps, que les mathématiciens ont découverte et utilisent depuis les années 40. Pourquoi « imaginaire » ? Pour le savoir, rappelons-nous d'abord que le temps de chez nous, celui que vous consultez sur vos montres, est le temps réel. Pourquoi réel ? Tout simplement parce qu'il est mesuré par des nombres réels. Nouvelle question : qu'est-ce qu'un nombre réel ? Réponse : c'est un nombre dont le carré est toujours positif. Par exemple, deux au carré est égal à quatre, de même que moins deux au carré. Le temps imaginaire, lui, est très différent. En effet, il n'est plus mesuré par des nombres réels mais par des nombres imaginaires. Et qu'est-ce qu'un nombre imaginaire ? Souvenez-vous, vos professeurs vous en ont nécessairement parlé sur les bancs de la classe de seconde. Ce sont tout bêtement des nombres dont le carré est toujours négatif ! Le génial Euler a eu la bonne idée de désigner par le symbole i l'unité imaginaire, et il a été le premier à poser sur le papier la fameuse égalité $i^2 = -1$.

Pour y voir plus clair, vous pouvez vous représenter le temps réel comme une droite horizontale, jalonnée par les nombres réels, de zéro à l'infini (une droite que les mathématiciens, dans un bon raccourci, appellent « la droite des réels »). Et maintenant, les nombres imaginaires ? Vous allez tout simplement les retrouver sur une droite perpendiculaire, qui coupe à la verticale au point zéro la droite des réels. Et la première chose que vous pouvez observer d'un seul coup d'œil, c'est que les « instants » marqués par des points sur la droite imaginaire tombent tous à la verticale sur le point zéro marquant l'instant zéro, de sorte que le temps qui pourtant « s'écoule » sur la droite imaginaire ne « passe » pas dans le temps réel. Autrement dit, pour revenir à l'instant zéro de l'Univers, cet instant singulier n'existe pas dans le temps. Pour lui, le temps s'écoule dans la direction imaginaire, ce qui veut dire qu'il ne s'écoule absolument pas dans le temps réel. Pour être encore plus simple, il suffit de vous dire qu'à l'instant zéro marquant l'origine, le temps n'existe pas.

*

À présent, passons à la deuxième phase, marquée par un évènement inouï : le temps commence à naître ! Quelque chose s'est donc passé à l'infini du temps imaginaire. Un évènement que les mathématiciens appellent une « décompactification ». Un peu comme si vous ôtiez un point – un seul – d'un ballon de baudruche (qui est une surface fermée sur elle-même, c'est-à-dire « compacte »). Comment allez-vous vous y prendre pour enlever un point à votre ballon ? Tout bêtement en prenant une aiguille et en piquant quelque part la surface lisse de la baudruche. L'instant d'après, dans un sifflement qui vous montre que quelque chose se passe, l'air s'échappe du ballon et celui-ci se dégonfle à toute vitesse. Si vous ne l'aviez pas piqué, votre ballon aurait pu rester pour toujours tel quel, immobile, sans que rien ne change jamais. En somme, il existait en temps imaginaire. Or, en le piquant, vous l'avez brutalement fait changer d'état : il a tout à coup quitté le temps imaginaire pour entrer dans le temps réel ! C'est donc un peu ce qui se passe pour l'Univers au voisinage de l'instant zéro : à l'origine existant sous une forme compacte (correspondant à ce que les mathématiciens appellent une métrique « euclidienne »), voilà qu'à l'infini de cette sphère à trois dimensions, un point disparaît. La conséquence est marquée par un évènement spectaculaire : le temps commence à bouillonner, sous une forme encore rudimentaire et hésitante, en tout cas bien différente de notre temps de tous jours. Mais il émerge peu à peu. À cette époque inouïe, rien n'est fixe et les durées sont encore totalement instables. Une heure de ce temps naissant peut durer une minute. Ou bien un siècle. Il est midi ? L'instant d'après, il est 11 heures car sans crier gare, le temps a sauté pour revenir en arrière.

Ici, souvenez-vous : au chapitre précédent, nous vous avons indiqué qu'autour de l'instant zéro, la dimension du temps commence à osciller, comme une girouette tournant sur son axe au gré du vent. Soumis au puissant principe d'incertitude qui règne en maître dans l'infiniment petit, ce temps de l'aube *fluctue* entre la direction imaginaire pure marquant l'origine et une dimension nouvelle, qui vient d'émerger : le temps réel.

Durant cette époque, le temps originel devient donc « complexe ». Qu'est-ce que cela veut dire ? Tout simplement qu'il est mesuré par des nombres différents de ceux dont vous avez l'habitude mais que les mathématiciens utilisent tous les jours : les nombres complexes. Au lieu d'avoir une seule composante (c'est-à-dire une seule direction, comme les nombres réels 1, 2, 3, 4, 5, etc.), les nombres complexes en ont deux : une réelle et une autre... imaginaire pure ! Autrement dit, avec leurs deux directions, les nombres complexes ne sont pas représentés par une droite (comme les nombres entiers naturels) mais sont étalés sur un plan (que les mathématiciens appellent le plan complexe). Les experts en blouse blanche savent bien sûr que dans le temps complexe, l'ordre n'existe pas encore. Il n'est pas possible de classer les nombres complexes en fonction de leur taille. Autrement dit, il n'y a pas, comme chez nous, un temps qui s'écoule tranquillement du passé vers le présent et du présent vers l'avenir. Vous pouvez vous représenter ce temps complexe qui, peut-être, existait avant le Big Bang, comme la surface d'un océan agité par d'énormes vagues, où des bribes d'instants tourbillonnent dans tous les sens au gré d'une indicible tempête qui arrache tout sur son passage.

Enfin, à l'instant de Planck commence la troisième phase. La fluctuation du temps s'achève et un autre évènement, non moins magistral, prend le relais : l'immense « explosion » du Big Bang, entraînant la naissance de l'espace, du temps réel et de la matière ! Avec ce phénomène titanesque démarre l'expansion de l'Univers, dispersant à toute vitesse aux quatre coins de l'Univers naissant les premiers fragments de matière incandescente, une matière brûlant à la température inconcevable de 10 puissance 32 degrés, c'est-à-dire 100 000 milliards de milliards de milliards de degrés ! La métrique (qui permet de décrire les distances dans l'espace-temps) est désormais stabilisée, de sorte que l'espace ne se déforme plus (comme durant la phase avant le Big Bang) pas plus que le temps, qui désormais est soumis à une flèche implacable, c'est-à-dire qu'il s'écoule désormais irréversiblement du passé vers l'avenir.

Nous avons décrit en détail ce modèle dans un article publié dans la revue de physique théorique *Classical and Quantum Gravity* sous le titre « Topological Field Theory of the Initial Singularity of Spacetime[1] ». Nous y montrons que la meilleure approche possible – en fait la plus raisonnable – consiste à voir la singularité initiale comme ce qu'on appelle en mathématiques un point d'accumulation. Que va-t-on trouver sur ce point unique marquant l'origine de tout ce qui existe ? En fait, ni de l'énergie ni de la matière (ces choses n'existent pas encore) mais quelque chose d'abstrait, de hors du temps, qu'on appelle *l'information* ! Une information primordiale. En somme, l'ensemble de lois qui, bien avant le Big Bang, ont permis à l'Univers d'émerger puis d'évoluer tout au long des milliards d'années. Un Univers qui, comme l'a observé Poincaré, n'est jamais hors-la-loi, car soumis à un implacable « codage » inscrit une fois pour toutes dans l'invisible – l'inconcevable – de la phase précédant le Big Bang !

---

1. Grichka et Igor Bogdanov, article paru in *Classical and Quantum Gravity*, vol. 18, n° 21, 22 octobre 2001.

Mais alors ?

De quoi sont donc faites ces lois qui sous-tendent la réalité de part en part ? Quelle est leur substance ? Par exemple, si vous lâchez le livre que vous tenez entre les mains, il est peu probable qu'il se mettra à flotter en l'air. Il est au contraire facile de prévoir que la loi de la gravitation le précipitera sur le sol. Mais encore une fois, de quoi est donc faite cette loi ?

La réponse a été apportée en 1914, deux ans après la disparition de Poincaré. Par qui ? Par un physicien mathématicien américain, Edgar Buckingham. Un personnage inclassable. L'une des rares photos qui existent de lui nous révèle un visage indéchiffrable, sans âge. Né au printemps 1867 à Philadelphie, il a très tôt stupéfié son entourage – et surtout ses professeurs – par ses dons hors normes pour les mathématiques mais aussi pour la physique (ce qui est plus rare). C'est cette discipline qu'il choisit d'approfondir, d'abord à Harvard puis à l'université de Strasbourg (il y parle un français distingué) et enfin à Leipzig, où il soutient (cette fois en allemand) sa thèse de doctorat. En Allemagne, il tombe sur les écrits de l'un des maîtres de Göttingen, Felix Klein, indéfectible compagnon de Hilbert, le mathématicien au chapeau de paille. Il puise chez Klein de prodigieux trésors de pensée, grâce auxquels il va développer une aptitude peu commune à jeter des ponts entre le monde mathématique et le monde physique. Jusqu'à ce qu'il trouve le lien ultime entre ces deux continents, grâce au grand théorème de Buckingham.

Que nous dit-il ?

En substance ceci : toute loi physique peut être exprimée sous la forme de relations entre des variables non dimensionnelles, c'est-à-dire entre des nombres purs. Autrement dit, les lois de la nature reposent uniquement sur le jeu combiné de nombres (lesquels, à leur tour, peuvent se ramener à leurs éléments, c'est-à-dire aux nombres premiers). On l'a vu, ceci est vrai pour π, dont Euler a montré qu'il est égal à une combinaison de nombres premiers à l'infini. Et ceci est bien sûr vrai pour tous les nombres, quels qu'ils soient. Une pente radicale, qui nous entraîne une nouvelle fois vers cette conclusion selon laquelle l'essence de la réalité est bel et bien numérique. Et même « primo-numérique ».

*

Faisons une halte. Car ici resurgit la question difficile, posée en filigrane d'un bout à l'autre de ce livre : est-ce que la mystérieuse fonction zêta peut nous aider à comprendre quelque chose de cet autre mystère total qu'est la naissance de l'Univers, à l'instant zéro ?

Peut-être bien ! C'est à cette découverte inédite que nous vous invitons dans cette dernière station de notre voyage.

27

De l'hypothèse de Riemann à l'hypothèse Dieu

Au bout du bout de notre retour vers le passé archaïque de notre Univers, là où se reflètent les questions les plus profondes mais aussi les moins solubles concernant le point zéro de notre réalité et la cause qui l'a engendré, nous allons une dernière fois nous poser cette question : quelle est la nature du « codage » qui, comme nous le pensons, a précédé la naissance de la matière et guide aujourd'hui son évolution ? D'où vient-il ?

Quelles que soient nos croyances ou nos convictions, ce code (dont nous pouvons déceler la présence partout dans la nature) a un visage qui ne peut que nous troubler : celui d'une énigme. Une énigme mathématique jusqu'ici non résolue et peut-être insoluble. En tout cas, la plus difficile à laquelle l'humanité ait jamais été confrontée.

Or, ce codage originel pourrait bien avoir un lien d'une grande profondeur avec la fonction zêta de Riemann. S'agit-il d'une clef ? Peut-être. Pourquoi ? Parce qu'elle engendre des nombres. Plus précisément des solutions contrôlant les nombres premiers, ces atomes numériques à partir desquels se fabriquent tous les autres nombres. Or, vous vous en souvenez, la conjecture de Montgomery et les observations de Dyson (confirmées depuis par de nombreux chercheurs) nous incitent fermement à penser que la distribution des zéros le long de la droite critique pourrait correspondre à la distribution des niveaux primordiaux d'une énergie encore fluctuante, instable, entre l'instant zéro et l'instant du Big Bang. Ce mélange insolite, encore inconnu, fait d'information et d'énergie en perpétuelle conversion l'un dans l'autre et qui a peut-être précédé la naissance de notre Univers, avant le Big bang.

*

Pour bien comprendre les possibles correspondances entre la fonction zêta et la naissance de l'Univers, il est indispensable de nous demander s'il peut exister des solutions de la fonction zêta sur la droite coupant verticalement l'axe des réels au point zéro. En fait, la réponse est non. De même en 1896, Jacques Hadamard – premier au concours général de mathématiques à Louis-le-Grand, premier au concours d'entrée à l'École normale supérieure – a démontré dans son « théorème des nombres premiers » qu'aucune solution ne peut se trouver sur l'axe qui, à droite de la droite critique 1/2, coupe l'axe des nombres réels au point 1.

Observons ce qui se passe autour de la droite coupant l'axe des réels au point zéro, c'est-à-dire à l'origine. Puisqu'elle n'a aucune composante réelle, cette droite est donc imaginaire pure. Si nous considérons que cette droite mesure le temps, alors la seule donnée ici est celle du temps imaginaire. En somme, il existe dans cette région correspondant à la singularité initiale une information initiale codée en temps imaginaire. Toutefois, il s'agit d'une information pure, globale, qui n'est associée à aucun processus physique. À aucune évolution.

Et justement : comment l'Univers passe-t-il de l'échelle zéro (où il n'est encore qu'un point) et de l'instant zéro (où le temps n'existe pas encore) à une phase où l'espace et le temps commencent à émerger ? La réponse se trouve peut-être à l'intérieur de la bande critique, de nature complexe. On l'a vu, cette bande critique découverte par Riemann évoque irrésistiblement la bande KMS, région où, entre l'instant zéro et l'instant de Planck, le temps du système devient complexe.

Or, tout se joue dans cette région. C'est là que sont « fabriquées » les solutions gouvernant les nombres premiers et, à partir de là, tous les nombres réels. On l'a vu, ce phénomène survient sur la droite située juste au milieu de la bande critique. Souvenez-vous : en tremblant d'émotion, Riemann a calculé en 1859 le premier zéro de la bande critique et a constaté qu'il se trouvait *exactement* sur la droite critique, quelque part autour de 14,13. Puis il a débusqué le deuxième zéro, à 21,02, puis le troisième, à 25.01 et encore un quatrième à 30,424 sur la droite critique. Il faudra attendre quarante-quatre ans pour que le mathématicien danois Jørgen Pedersen Gram parvienne, en suant sang et eau, à calculer 15 zéros. Puis en 1914, le Suédois Albert Victor Bäcklund en découvre 79. En 1925, on passe à 138 grâce au travail acharné de John Irwin Hutchinson. En 1953, le génial Turing, grâce à une nouvelle méthode de comptage, a fait un saut gigantesque, calculant les 1 104 premiers zéros. L'exploit secoue le monde entier car tous, sans exception, sont répartis sur la droite critique. Et aujourd'hui, l'on frissonne en pensant qu'on dépasse dix mille milliards de zéros, tous situés en file indienne exactement sur la mystérieuse droite complexe.

*

Nous l'avons donc vu avec la conjecture de Montgomery et le recoupement effectué par Freeman Dyson, les zéros repérés sur la droite critique correspondent bel et bien, de manière précise, aux différents niveaux d'énergie observables dans l'infiniment petit ! Ceci suggère que la bande critique pourrait correspondre, comme dans la bande KMS, à une région où l'information initiale (provenant de la suite des nombres premiers) est convertie en énergie.

Pour radicale qu'elle puisse être, cette hypothèse nous ramène irrésistiblement vers le fameux principe de Landauer (qui trouve ici une application tout à fait naturelle) ; il est plausible de considérer que cette formidable énergie thermique du début – 100 000 milliards de milliards de milliards de degrés – pourrait résulter de la conversion irréversible de cette « information initiale » qui, peut-être, a existé avant le Big Bang, stockée à l'échelle zéro de l'espace-temps.

*

Reste la troisième région, située au-delà des limites de la bande KMS, autrement dit, après le Big Bang. L'Univers est alors sorti de l'état d'équilibre thermique, ce qui veut dire que le temps a cessé de fluctuer et est devenu réel. L'expansion ordinaire peut alors commencer. Du point de vue de la fonction zêta, ceci correspond à la région située au-delà de la fameuse « bande critique » (laquelle n'existe qu'entre 0 et 1). Dans ce cas, l'exposant de la fonction zêta cesse d'être complexe et la fluctuation autour des zéros s'arrête : la fonction n'engendre plus que ce que les mathématiciens appellent des zéros triviaux, c'est-à-dire des solutions ordinaires correspondant à l'expansion « ordinaire » de notre Univers après le Big Bang.

*

Nous retirons de tout ceci un message d'une bouleversante profondeur, difficilement traduisible en langage autre que mathématique, mais qui imprègne chacune de nos intuitions. Ainsi, l'inscription originelle, ce « code cosmologique » dont nous postulons l'existence à l'échelle zéro de l'espace-temps, exprimé au travers des lois physiques, est en réalité fait de nombres. Des nombres purs d'abord, tels que la constante d'Archimède (plus connue sous le nom de π) ou encore e, la constante d'Euler. Or, on l'a vu plus haut, ces nombres purs, comme tous les autres nombres, sont eux-mêmes solubles en une combinaison plus ou moins compliquée – mais toujours unique – de nombres premiers. Ceci parce que tous les nombres réels, sans exception, peuvent être représentés sous forme de fractions continues construites à partir de nombres entiers, lesquels sont décomposables en produits de nombres premiers ! Par exemple, le nombre irrationnel π, qui a une infinité de décimales après la virgule, peut être représenté sous la forme d'une fraction continue à une infinité d'étages comprenant une infinité de nombres entiers, autrement dit, encore une fois, de nombres premiers. Et il en va exactement de même pour tous les nombres irrationnels, lesquels reposent sur une infinité de nombres premiers. Et nous retombons sur nos pieds puisque, comme nous le savons à présent, les nombres premiers sont détectés par la fonction zêta. Omniprésente, elle engendre. Directrice, elle classe. Infaillible, elle place strictement ces nombres sous le contrôle de la droite critique et nulle part ailleurs.

*

Reste que cette fonction demeure inaccessible. Après plus de 150 ans de lutte sans merci pour enfin arracher son secret, l'hypothèse de Riemann n'est toujours pas démontrée. Mais on peut la voir à l'œuvre. Sur cette étrange droite critique qui s'élance à la conquête de l'infini, la fonction de Riemann égrène l'emplacement de tous les nombres premiers, de 2 jusqu'à des nombres infiniment grands séparés par des distances infinies. Et à partir de là, par combinaison des nombres premiers, naissent tous les nombres entiers. Tous les nombres rationnels et irrationnels, c'est-à-dire tous les nombres réels. Et finalement, toutes les formes mathématiques possibles et imaginables. Visibles ou invisibles. Le mathématicien Marcus du Sautoy nous donne une vue saisissante de ces nombres, à la hauteur de leur immense mystère : « *Ils sont les pierres précieuses enchâssées dans l'immense étendue de l'univers infini des nombres, que les mathématiciens explorent depuis des siècles. Ils sont pour eux une source d'émerveillement : 2, 3, 5, 7, 11, 13, 17, 19, 23... nombres hors du temps qui existent dans un monde indépendant de notre réalité physique. Pour le mathématicien, ils sont un don de la Nature*[1]. »

1. Nombres premiers, Historique. http://villemin.gerard.free.fr/Wwwgvmm/Premier/historiq.htm

*

Ainsi, bien avant le Big Bang chaud et le déferlement titanesque de l'énergie et de la matière à l'instant de Planck, il a peut-être existé à l'instant zéro un Big Bang « froid ». Une silencieuse explosion de nombres. Un jaillissement d'êtres mathématiques élémentaires au cœur du néant. En somme, un immense nuage numérique sur lequel repose l'information initiale dont est issue notre réalité. Sans doute vous souvenez-vous que le grand John Wheeler, après une vie entière consacrée à la physique pure et dure, a quand même fini par conclure que l'Univers tout entier pourrait bien, en fin de compte, se réduire à de l'information pure : *« Il n'est pas déraisonnable d'affirmer que l'information est au cœur de la physique, tout comme elle est au cœur d'un ordinateur. »*

Inspiré par une telle affirmation, Stephen Hawking a affirmé en 2004 que l'information ne disparaît jamais de notre réalité. En particulier, si l'on jette un objet dans un trou noir (par exemple le livre que vous tenez entre les mains) celui-ci aura beau être pulvérisé, il va malgré tout subsister quelque chose : l'information caractérisant l'objet en question (laquelle n'est jamais détruite). Une hypothèse aujourd'hui célèbre, qui forme la base du puissant principe de conservation de l'information.

Offrant un nouveau champ d'application à cette audacieuse hypothèse, le prix Nobel de physique Gerard 't Hooft et son collègue Leonard Susskind en sont venus à proposer une théorie (joliment baptisée « théorie holographique ») selon laquelle le contenu de l'information de l'Univers entier serait situé en dehors de notre espace-temps (dans une dimension supplémentaire) et ne pourrait être saisissable que par la projection dans notre réalité de certains fragments (dont les nombres font partie).

Or, l'une des clefs de ce code primordial a été découverte en 1859 et demeure aujourd'hui l'être mathématique le plus mystérieux de toute l'histoire humaine : la fonction zêta de Riemann. L'hypothèse que Riemann en a tirée est proprement révolutionnaire dans la mesure où elle nous dit que la succession des nombres premiers n'est pas due au hasard. Mais dans la mesure où l'Univers entier repose sur ces fameux nombres premiers, alors tout ce que nous avons exploré jusqu'ici nous montre que rien de ce qui fait notre réalité, depuis sa naissance jusqu'à aujourd'hui, ne se déroule au hasard. Si, comme le pensait Pythagore, « tout est nombre », et si, comme nous le pensons, les nombres – eux-mêmes reposant sur les nombres premiers – sont les briques fondamentales de notre réalité physique, alors le hasard n'est pas le maître de l'Univers. Il ne l'a jamais été et ne le sera jamais.

*

Reste une toute dernière question. La plus importante, et de loin. Mais aussi la plus difficile de toutes. Si le « code source » de l'Univers est fait de ces fameux nombres que l'on dit premiers, si la course de ces nombres est encadrée rigoureusement par la fonction zêta de Riemann, alors d'où viennent ces nombres eux-mêmes ? D'où vient le nombre π ? Qui – ou quoi – a engendré l'énigmatique constante *e* à la base du calcul exponentiel ? Et toutes les autres constantes de l'Univers ? D'où vient cette mystérieuse fonction qui encadre si bien le défilé des nombres premiers, jusqu'à l'infini ? C'est à ce point charnière vers la cause première que l'on passe insensiblement de l'hypothèse de Riemann à une autre hypothèse, bien plus radicale, absolue, insoluble : l'hypothèse Dieu. Tel est le dernier cran du raisonnement. La seule sortie – provisoire – que nous risquons ici est que le fini ne peut pas engendrer l'infini. Ainsi, très loin vers l'infini, comme nous l'avons déjà observé, les nombres premiers deviennent infiniment rares mais aussi infiniment grands. De plus, ils sont séparés par des distances infinies qui ne cessent pourtant de grandir à mesure qu'on s'enfonce de plus en plus loin. Le plus intenable pour la raison, c'est que ces nombres infiniment grands n'en restent pas moins infiniment précis et sont donc calculés à l'infini. Par qui ? Par quoi ?

À coup sûr par un « générateur d'infini » transcendant toute limite dans l'espace comme dans le temps. Un générateur ayant laissé comme une trace visible de cet affolant pouvoir d'engendrement grâce à l'énigmatique fonction zêta. Et à l'indémontrable hypothèse qui résulte de son application.

La fonction zêta... Une inscription mathématique si brève, si simple, si puissante et pourtant si impénétrable... C'est elle qui, depuis nos 15 ans au château de notre enfance, nous a conduits vers ce que nous appelons aujourd'hui l'*hypothèse Dieu*.

CONCLUSION

> *« Si seulement je possédais les théorèmes ! Je pourrais alors découvrir si facilement les preuves... »*
>
> Bernhard Riemann

Un demi-siècle s'est écoulé depuis ce fameux soir d'orage au cours duquel nous avions entrevu, sur les pages jaunies d'un article, la mystérieuse hypothèse de Riemann.

À la suite de cette fascinante découverte, sans nous douter des obstacles parfois infranchissables qui allaient compliquer notre route, nous sommes partis à la recherche de réponses. Certaines d'entre elles sont passées par des rencontres inattendues, par exemple celle de Moshé Flato, mathématicien génial qui allait devenir notre directeur de thèse à l'université de Bourgogne. Un matin, autour d'une tasse de café, nous lui avons parlé de la fonction zêta ; il a plissé les yeux et soupiré d'une seule phrase floutée par le respect : « Il s'agit sans doute de la plus mystérieuse et de la plus puissante de toutes les fonctions mathématiques... » Il s'enferma longuement dans un silence inhabituel avant de nous lancer, un peu brutal : « Allez à Göttingen ! C'est là que Riemann a été professeur. C'est là qu'il a découvert la fonction zêta ! »

C'est donc là que nous nous sommes rendus un soir d'hiver et de neige, quelques jours avant un Noël particulièrement glacé. À peine arrivés en gare, l'un des contrôleurs nous avait lancé dans un large sourire *à l'allemande* : « À Göttingen, l'hiver est plus froid que partout ailleurs en Basse-Saxe ! » Sans chercher à savoir si c'était vrai, nous avons sauté dans un taxi dont le chauffeur, aimable jusqu'à l'indifférence, nous a déposés devant l'entrée du numéro 3 de la Göttingen Platz. Prises par l'hiver, les dernières lueurs avaient sombré dans la nuit. Nous nous sommes lentement avancés, presque à tâtons, vers la haute porte flanquée par des réverbères encore éteints. L'université était vide. Dans le silence glacé, on devinait à peine la masse obscure de l'ancien auditorium surmonté par le fronton triangulaire. qui pesait au milieu de la cour. Nous avions rendez-vous avec un vieux pasteur allemand, responsable du service religieux de l'université qui, disait-on, connaissait mieux que personne l'histoire de Göttingen et de ses prestigieux professeurs.

Au bout d'un long moment, quelqu'un nous a ouvert une porte sur un couloir où persistait une odeur de cire. Un homme de petite taille est venu à notre rencontre. Il nous a demandé dans un souffle : « Avez-vous fait bon voyage ? » Sans écouter la réponse, son visage à demi masqué par une écharpe, il nous a fait signe de le suivre. Dans la nuit, le manteau du guide était à peine visible et flottait comme une lame d'air encore plus noire au-dessus des pavés. Dans les couloirs de l'université, le silence était une manière de montrer qu'on pouvait se recueillir et penser, en toutes circonstances, à des choses essentielles. Au bout de quelques minutes, d'un couloir à l'autre, suivant un itinéraire compliqué fait d'escaliers, de demi-étages et de portes en coin, nous avions perdu toute idée de l'endroit où nous devions nous trouver.

Lorsque nous nous sommes arrêtés devant une grande porte néo-gothique, le guide sortit un briquet de sa poche pour allumer les bougies du chandelier posé sur une grande table à droite de l'entrée. Presque fier de lui, il finit par dire, à voix basse :

— C'est les vacances, vous savez. Ici, on économise l'électricité !

À la flamme incertaine des chandelles, on devinait les hautes voûtes de l'ancienne église gothique Saint-Paul. Le guide se pencha vers nous pour murmurer : « Nous sommes dans l'ancienne bibliothèque de l'université. » Au pied d'un des piliers qui soutenait les hautes murailles et la toiture de la bibliothèque, un peu déformé par les ombres, nous avons alors reconnu le buste en marbre de Bernhard Riemann. Sur le mur de droite, au-dessus d'une porte qui devait donner sur une petite pièce en retrait, on pouvait lire ces mots en latin :

« Extra Gottingam non est vita, si est vita non est ita ! »

Ces quelques mots latins reflétaient parfaitement l'esprit qui, depuis plusieurs siècles, inspirait l'université : « Il n'y a pas de vraie vie en dehors de Göttingen. Du moins, rien de comparable. »

Immobile au milieu de l'immense bibliothèque, le guide finit par dire :

— On peut lire cette phrase au-dessus de l'ancien réfectoire.

Il avait parlé d'une voix blanche, sans intonations, à mots presque vides, comme s'il récitait le texte mille fois répété d'une prière. Puis il se tourna encore vers nous pour chuchoter, à bonne distance, des phrases qui traversaient ses lèvres sans les toucher :

— Le pasteur vous attend. Il vient d'achever les complies. Je vais vous conduire vers l'ancienne sacristie où il a pour habitude de recevoir ses visiteurs.

Nous avons emboîté le pas du guide déjà loin devant, un chandelier dans sa main droite. Après avoir descendu trois marches, nous nous sommes engagés dans un long couloir dont le plafond était bas et voûté. L'ancien édifice de l'université semblait peser de tout son poids sur ce corridor dont les dalles aveugles suaient l'humidité du soir. Nous avions presque l'impression de nous perdre dans cette masse d'ombre et de pierre. Combien de nuits avait-il fallu accrocher à ces murs pour rendre le couloir aussi obscur ? Gauss, Riemann, Klein, Hilbert ou Einstein étaient-ils passés par là sans frémir ?

Au bout d'un long parcours de dalles usées et de silences, de murs patinés par les calculs ou la prière, nous nous sommes enfin arrêtés devant une petite porte romane dont les montants de grès, moulurés en biseau, avaient été en partie détruits par le temps. Le guide frappa trois petits coups sur le panneau en noyer et la porte s'ouvrit dans un grincement de gonds tournés au bois et à la pierre.

*

À l'instant où nous sommes entrés dans la petite pièce aux murs remplis de livres, notre guide eut un léger mouvement d'arrêt. Près de la cheminée où tremblait un feu de bois, il venait de s'incliner devant la soutane noire d'un religieux occupé à tisonner le bois. Il semblait surveiller les braises qui s'écroulaient sous le poids des bûches de chêne et des flammes lentes. À ses côtés se tenait un moine dont le visage était invisible. Tourné de biais vers la dalle de l'âtre, le moine avait gardé son capuchon sur la tête. Comprenant notre trouble, le pasteur murmura :

— Ne faites pas attention à lui. Il est aveugle.

Puis il se leva en déployant sa silhouette très maigre dont sa soutane, serrée sur l'estomac, remontait légèrement au-dessus des chevilles et laissait pointer le bout de ses sandales en cuir. Presque sans bouger, il nous a alors demandé :

— Vous vouliez consulter les manuscrits originaux de Riemann sur la fonction zêta, je suppose ?

Nous n'avons pas répondu tout de suite. La voix de notre interlocuteur contrastait furieusement avec la maigreur de sa silhouette. Chaque mot était vibré, timbré, *sonné*. C'était une voix puissante, bien plus vaste que ce corps sans chair. Sans nous laisser le temps de répondre, le pasteur nous fit signe de nous asseoir tout en poursuivant doucement :

— Certaines rumeurs prétendent qu'après la disparition de Riemann mort de tuberculose à Selasca, en Italie, sa femme de ménage aurait conservé plusieurs manuscrits du Maître...

Il s'interrompit quelques instants avant de continuer :

— ... mais c'est faux. Une légende. Et c'est un désastre pour la science. Car cette femme de ménage a tout jeté au feu. Des centaines de pages de travaux inestimables à jamais perdus ! Peut-être même que ces documents contenaient une démonstration de la fonction zêta... !

Le pasteur poussa un long soupir. Il avait parlé très vite, presque pour distancer sa tristesse. Cet homme sans âge, maigre jusqu'aux rotules, semblait tout à coup accablé. Il se leva lentement, les mains en fourreau, avant de dire :

— J'ai tout de même eu la chance de conserver un manuscrit tracé de la main même de Riemann. Une feuille sur laquelle on peut lire quelques pas de calcul sur les fameux zéros non triviaux de la fonction zêta...

Le religieux avait hésité un instant avant de poursuivre, presque à la dérobée, le regard plongé dans la braise :

— Ne vous étonnez pas... J'ai beau être pasteur, je suis aussi mathématicien...

Le vieil homme marqua un long silence, comme

pour faire de la place aux craquements de la braise. Puis il reprit, un peu plus bas :

— Riemann était un génie inspiré par la foi. D'ailleurs il est mort en récitant la Prière du Seigneur. Savez-vous qu'il voulait être prêtre ? Durant toute sa vie, il a répété sans cesse que son travail de mathématicien était entièrement destiné à servir Dieu. Pour lui, les mathématiques menaient vers Dieu.

À peine si nous avions écouté les dernières paroles du pasteur mêlées au bruit du feu dans la cheminée. Cette phrase-là n'avait pas été faite pour être entendue mais pour dire autre chose. À mots demi-ouverts, peut-être même sans en être vraiment conscient, le pasteur laissait remonter jusque sur ses lèvres l'extase mystique que lui inspirait Bernhard Riemann. Sans transition, il demanda brusquement :

— On m'a dit que vous avez vous-même tenté de percer le mystère de la fonction zêta. Est-ce exact ?

La question était venue, brutale, à même les mots. Le religieux savait que sa voix lui permettait de tout demander. En tout cas, elle semblait avoir reçu l'approbation insolite du moine aveugle qui se tenait debout dans l'encoignure de la cheminée. Les deux mains jointes, le visage enfoncé dans les ombres molles de son capuchon, l'aveugle n'avait pas bougé depuis tout à l'heure. Sa longue soutane noire tombait toute droite, presque sans plis, parfaitement immobile. Il y avait quelque chose de presque surnaturel dans la rigidité de cette silhouette. Une ombre fixe, inquiétante, solennelle. Que faisait-il dans cette pièce ?

Ayant à nouveau perçu notre trouble, le supérieur fit un pas sur la droite avant de laisser courir une petite phrase vers l'ombre immobile de l'aveugle :

— C'est frère Gehard, mon secrétaire ! Sa mémoire est prodigieuse. Il n'a jamais oublié un seul mot des entretiens que j'ai pu avoir. Même des années en arrière. Il connaît Göttingen comme le fond de sa capuche. Il a beau être aveugle, aucun recoin de notre université ne lui échappe.

Puis il avait ajouté, l'air songeur :

— Peut-être faut-il être aveugle pour mieux voir...

Le silence. À mesure que les minutes passaient, nous sentions la nuit percer de plus en plus fort entre les pierres. Agitées par un vent noir qui lamait par à-coups la cheminée, les flammes entrelacées sur les bûches s'écroulaient en gerbes d'étincelles au milieu des braises. Après un long moment, le pasteur finit par dire :

— L'hypothèse de Riemann ressemble à une

carte très mystérieuse que nous commençons à peine à déchiffrer. Je la considère comme un parchemin incomplet auquel il manque plusieurs fragments essentiels. Qui sait ce que nous pourrions découvrir si cette carte était complète ? Nous pourrions alors observer, peut-être, un ordre fascinant dans les fondations mêmes de l'Univers. Un ordre divin.

Après un nouveau silence, il murmura, perdu dans ses pensées :

— Pour moi, comme l'avait d'ailleurs compris Riemann lui-même, cette carte mathématique n'indique rien d'autre qu'un chemin vers Dieu !

*

Nous n'avons jamais oublié cette dernière phrase du pasteur. Longtemps après notre visite à Göttingen, portées par le souvenir de sa voix si particulière, ses paroles continuent d'aller et venir dans nos mémoires. Et peut-être que l'hypothèse de Riemann – même si elle est difficile – vous a permis d'entrevoir, au-delà de l'harmonie qui s'étend à tout l'Univers, un fragment du code qui structure et ordonne la réalité qui nous entoure. Comme toutes les fonctions mathématiques, l'énigmatique fonction zêta nous pose cette question cruciale : puisqu'avant le Big Bang, à cette époque indicible où la matière n'existait pas encore, l'Univers n'était encore qu'un nuage immatériel de nombres purs et de lois – en somme une information initiale –, d'où viennent ces nombres purs et ces lois ? Qui – ou quoi – a engendré le nombre π? Qui – ou quoi – a « calculé » à l'infini un nombre premier infiniment grand, séparé par une distance tout aussi infinie de son prédécesseur, lui-même infini ? En bref, quelle est l'origine de l'énigmatique information initiale qui, avant le Big Bang, existait à cette échelle inimaginable où l'Univers tout entier n'était encore qu'un point ? Un point un milliard de milliards de milliards de milliards de fois plus petit que celui que vous pourriez tracer sur une feuille de papier avec un crayon ! Un point invisible qui, pourtant, contient en germe tout l'Univers.

C'est à ce stade ultime que la raison – en fait la science – s'épuise à trouver des réponses à ce mystère. Mais pour autant, ne baissons pas les bras.

Et réfléchissons.

Les anciens maîtres de l'université de Göttingen affirmaient que rien ne sort de rien. Qu'il n'existe pas de « régression infinie ». Autrement dit, qu'il est impossible, dans notre Univers physique, de remonter indéfiniment la chaîne des causes et des effets sans rencontrer à un moment donné une cause initiale. Une cause source. Nous l'avons vu au fil des pages, cette cause source est appelée « objet initial » par les mathématiciens. Et voici peut-être la bonne nouvelle : à l'arrière de Pi, des grandes constantes, des grandes lois qui font que l'Univers marche, il y a des nombres premiers. Et à son tour, la source des nombres premiers n'est autre que l'objet initial dont le « cardinal » (c'est-à-dire le nombre d'éléments) est infini. En gros, le cardinal d'un ensemble n'est autre que sa taille. Selon la dénomination proposée au XIXe siècle par le génial explorateur de l'infini qu'était le mathématicien Cantor, nous appelons Aleph 1 cet objet initial. Petit rappel : en théorie des ensembles, ce qu'on appelle les « Aleph » sont les cardinaux des ensembles ordonnés infinis. De ce point de vue, Aleph 0 est le cardinal de l'ensemble dénombrable des entiers naturels (1, 2, 3 etc.) et Aleph 1 est le cardinal de l'ensemble de tous les ensembles créés à partir des nombres rationnels. Aleph 1 est non dénombrable et c'est le plus petit de ce genre.

À présent, revenons à notre question : d'où viennent les Aleph eux-mêmes ? D'où vient Aleph 0 ? Et Aleph 1 ? Et ceux qui suivent ? D'où viennent les infinis portés par les nombres premiers ?

En guise de réponse, nous risquons l'hypothèse selon laquelle l'objet initial ultime, celui qui contient tous les infinis – entre autres l'infinité des nombres premiers de taille infinie séparés par des distances infinies – est un ensemble d'ensembles à l'infini dont le cardinal s'appelle Aleph infini. Dans l'esprit de Cantor, Aleph infini englobe tous les infinis à l'infini, sans pour autant être lui-même concevable. Cet objet initial ultime peut donc être vu comme l'origine de tout ce qui est.

À coup sûr, nous entrons dans une époque révolutionnaire. Car pour la première fois, une fonction mathématique – l'Équation Dieu – nous permet d'entrevoir – ou de mieux voir – un ordre caché dans les composantes les plus intimes, les structures les plus profondes de notre Univers. En 1990, dans notre dialogue avec le philosophe Jean Guitton portant sur Dieu et la science, nous avons écrit qu'il est possible « d'appréhender l'Univers comme un message exprimé dans un code secret, une sorte de hiéroglyphe cosmique que nous commençons tout juste à déchiffrer ». De fait, comme l'a écrit à plusieurs reprises le prix Nobel George Smoot, le rayonnement fossile (qu'il a été le premier à photographier à l'aide d'un satellite) fait irrésistiblement penser à une sorte de « code », qu'il appelle d'ailleurs sans détours « l'ADN cosmique ».

Cependant, comme nous l'avons régulièrement dit depuis le début des années 2000, le secret de ce code n'existe pas ici. Si l'on espère en trouver quelques fragments, quelques bribes éparpillées ici et là, c'est avant même la naissance de l'Univers qu'il nous faudra aller les chercher. Avant le Big Bang.

La mystérieuse fonction zêta (dont les solutions gouvernant les briques élémentaires de notre réalité sont toutes, sans exception, alignées sur la droite imaginaire coupant l'axe des réels au point 1/2) pourrait-elle alors jouer un rôle insoupçonné jusqu'ici dans la structuration du temps, de l'espace, de l'énergie et de la matière ?

*

Peut-être alors que la réalité secrète, voilée, presque inaccessible de l'étrange Univers dans lequel nous vivons, cette « splendide formule » à laquelle pense le physicien Niel Turok, pourrait s'écrire dans le défilé infini et indéchiffrable des nombres premiers, ces entités numériques fondamentales à l'origine de tous les autres nombres, depuis le zéro jusqu'à l'infini. La mystérieuse « fonction zêta » – dont les nombres élémentaires sont tous alignés sur la droite imaginaire coupant l'axe des réels au point 1/2 – pourrait-elle alors jouer un rôle insoupçonné jusqu'ici dans la structuration du temps, de l'espace, de l'énergie et de la matière ? Est-ce à cela que songeait Bernhard Riemann dans les anciens couloirs de Göttingen ? C'est bien la trace de ce code dont nous avons parlé dans d'autres ouvrages, ce secret primordial qu'il est possible d'entrevoir, à l'origine du monde, en remontant peu à peu vers ces vertigineuses mathématiques pures si chères aux anciens maîtres de Göttingen : « Fragments de signes infinis qui, dans notre langue, ne racontent rien, jamais, mais où passe, mystérieusement, quelque chose d'inouï. »

Cet ouvrage a été imprimé
par CPI Brodard & Taupin
pour le compte des éditions Grasset
à La Flèche (Sarthe)
en avril 2019

Mise en pages Nord Compo à Villeneuve-d'Ascq

PAPIER À BASE DE
FIBRES CERTIFIÉES

Grasset s'engage pour
l'environnement en réduisant
l'empreinte carbone de ses livres
Celle de cet exemplaire est de
700 g éq. CO_2
Rendez-vous sur
www.grasset-durable.fr

N° d'édition : 20964 – N° d'impression : 3033351
Dépôt légal : mai 2019
Imprimé en France